안쌤의

# STEAM
# +창의사고력
# 과학 100제

초등 **1**학년

시대에듀

안쌤의
# STEAM
# +창의사고력
# 과학 100제

초등 1학년

**안쌤**
**영재교육연구소**

안쌤 영재교육연구소 학습 자료실
샘플 강의와 정오표 등 여러 가지 학습 자료를 확인하세요~!

# 이 책을 펴내며

초등학교 과정에서 과학은 수학과 영어에 비해 관심을 적게 받기 때문에 과학을 전문으로 가르치는 학원도 적고 강의 또한 많이 개설되지 않는다. 이런 상황에서 과학은 어렵고, 배우기 힘든 과목이 되어가고 있다. 특히, 수도권을 제외한 지역에서 양질의 과학 교육을 받는 것은 매우 힘든 일임이 분명하다. 그래서 지역에 상관없이 전국의 학생들이 질 좋은 과학 수업을 받을 수 있도록 창의사고력 과학 특강을 실시간 강의로 진행하게 되었고, '안쌤 영재교육연구소' 카페를 통해 강의를 진행하면서 많은 학생이 과학에 대한 흥미와 재미를 더해가는 모습을 보게 되었다. 더불어 20년이 넘는 시간 동안 많은 학생이 영재교육원에 합격하는 모습을 지켜볼 수 있는 영광을 얻기도 했다.

영재교육원 시험에 출제되는 창의사고력 과학 문제들은 대부분 실생활에서 볼 수 있는 현상을 과학적으로 '어떻게 설명할 수 있는지', '왜 그런 현상이 일어나는지', '어떻게 하면 그런 현상을 없앨 수 있는지' 등의 다양한 접근을 통해 해결해야 한다. 이러한 과정을 통해 창의사고력을 키울 수 있고, 문제해결력을 향상시킬 수 있다. 직접 배우고 가르치는 과정 속에서 과학은 세상을 살아가는 데 매우 중요한 학문이며, 꼭 어렸을 때부터 배워야 하는 과목이라는 것을 알게 되었다. 과학을 통해 창의사고력과 문제해결력이 향상된다면 학생들은 어려운 문제나 상황에 부딪혔을 때 포기하지 않을 것이며, 그 문제나 상황이 발생된 원인을 찾고 분석하여 해결하려고 노력할 것이다. 이처럼 과학은 공부뿐만 아니라 인생을 살아가는 데 있어 매우 중요한 역할을 한다.

이에 시대에듀와 함께 다년간의 강의와 집필 과정에서의 노하우를 담은 『안쌤의 STEAM + 창의사고력 과학 100제』 시리즈를 집필하여 영재교육원을 대비하는 대표 교재를 출간하고자 한다. 이 교재는 어렵게 생각할 수 있는 과학 문제에 재미있는 그림을 연결하여 흥미를 유발했고, 과학 기사와 실전 문제를 융합한 '창의사고력 실력다지기' 문제를 구성했다. 마지막으로 실제 시험 유형을 확인할 수 있도록 영재교육원 기출문제를 정리해 수록했다.

이 교재와 안쌤 영재교육연구소 카페의 다양한 정보를 통해 많은 학생들이 과학에 더 큰 관심을 갖고, 자신의 꿈을 키우기 위해 노력하며 행복하게 살아가길 바란다.

안쌤 영재교육연구소 대표 안 재 범

# 영재교육원에 대해 궁금해 하는 Q&A

**No.1** 안쌤이 생각하는 대학부설 영재교육원과 교육청 영재교육원의 차이점

**Q 어느 영재교육원이 더 좋나요?**

**A** 대학부설 영재교육원이 대부분 더 좋다고 할 수 있습니다. 대학부설 영재교육원은 대학 교수님 주관으로 진행하고, 교육청 영재교육원은 영재 담당 선생님이 진행합니다. 교육청 영재교육원은 기본 과정, 대학부설 영재교육원은 심화 과정, 사사 과정을 담당합니다.

**Q 어느 영재교육원이 들어가기 쉽나요?**

**A** 대부분 대학부설 영재교육원이 더 합격하기 어렵습니다. 대학부설 영재교육원은 9~11월, 교육청 영재교육원은 11~12월에 선발합니다. 먼저 선발하는 대학부설 영재교육원에 대부분의 학생들이 지원하고 상대평가로 합격이 결정되므로 경쟁률이 높고 합격하기 어렵습니다.

**Q 선발 요강은 어떻게 다른가요?**

**A**

| 대학부설 영재교육원은 대학마다<br>다양한 유형으로 진행이 됩니다. | 교육청 영재교육원은 지역마다<br>다양한 유형으로 진행이 됩니다. |
| --- | --- |
| **1단계** 서류 전형으로 자기소개서, 영재성 입증자료<br>**2단계** 지필평가<br>  (창의적 문제해결력 평가(검사), 영재성판별검사,<br>  창의력검사 등)<br>**3단계** 심층면접(캠프전형, 토론면접 등)<br><br>※ 지원하고자 하는 대학부설 영재교육원 요강을 꼭 확인해 주세요. | GED 지원단계 자기보고서 포함 여부<br>**1단계** 지필평가<br>  (창의적 문제해결력 평가(검사), 영재성검사 등)<br>**2단계** 면접 평가(심층면접, 토론면접 등)<br><br>※ 지원하고자 하는 교육청 영재교육원 요강을 꼭 확인해 주세요. |

**No.2** 교재 선택의 기준

**Q 현재 4학년이면 어떤 교재를 봐야 하나요?**

**A** 교육청 영재교육원은 선행 문제를 낼 수 없기 때문에 현재 학년에 맞는 교재를 선택하시면 됩니다.

**Q 현재 6학년인데, 중등 영재교육원에 지원합니다. 중등 선행을 해야 하나요?**

**A** 현재 6학년이면 6학년과 관련된 문제가 출제됩니다. 중등 영재교육원이라 하는 이유는 올해 합격하면 내년에 중학교 1학년이 되어 영재교육원을 다니기 때문입니다.

**Q 대학부설 영재교육원은 수준이 다른가요?**

**A** 대학부설 영재교육원은 대학마다 다르지만 1~2개 학년을 더 공부하는 것이 유리합니다.

## No.3 지필평가 유형 안내

**Q** 영재성검사와 창의적 문제해결력 검사는 어떻게 다른가요?

**A** 과거

**영재성 검사**
언어창의성
수학창의성
수학사고력
과학창의성
과학사고력

**+**

**학문적성 검사**
수학사고력
과학사고력
창의사고력

**=**

**창의적 문제해결력 검사**
수학창의성
수학사고력
과학창의성
과학사고력
융합사고력

**현재**

**영재성 검사**
일반창의성
수학창의성
수학사고력
과학창의성
과학사고력

**창의적 문제해결력 검사**
수학창의성
수학사고력
과학창의성
과학사고력
융합사고력

지역마다 실시하는 시험이 다릅니다.
**서울:** 창의적 문제해결력 검사
**부산:** 창의적 문제해결력 검사(영재성검사＋학문적성검사)
**대구:** 창의적 문제해결력 검사
**대전＋경남＋울산:** 영재성검사, 창의적 문제해결력 검사

## No.4 영재교육원 대비 파이널 공부 방법

### Step1 자기인식

자가 채점으로 현재 자신의 실력을 확인해 주세요. 남은 기간 동안 효율적으로 준비하기 위해서는 현재 자신의 실력을 확인해야 합니다. 기간이 많이 남지 않았다면 빨리 지필평가에 맞는 교재를 준비해 주세요.

### Step2 답안 작성 연습

지필평가 대비로 가장 중요한 부분은 답안 작성 연습입니다. 모든 문제가 서술형이라서 아무리 많이 알고 있고, 답을 알더라도 답안을 제대로 작성하지 않으면 점수를 잘 받을 수 없습니다. 꼭 답안 쓰는 연습을 해 주세요. 자가 채점이 많은 도움이 됩니다.

## 안쌤이 생각하는
# 자기주도형 과학 학습법

변화하는 교육정책에 흔들리지 않는 것이 자기주도형 학습법이 아닐까?
입시 제도가 변해도 제대로 된 학습을 한다면 자신의 꿈을 이루는 데 걸림돌이 되지 않는다!

## 독서 ▶ 동기 부여 ▶ 공부 스타일로
### 공부하기 위한 기본적인 환경을 만들어야 한다.

### 1단계  독서

'빈익빈 부익부'라는 말은 지식에도 적용된다. 기본적인 정보가 부족하면 새로운 정보도 의미가 없지만, 기본적인 정보가 많으면 새로운 정보를 의미 있는 정보로 만들 수 있고, 기본적인 정보와 연결해 추가적인 정보(응용 · 창의)까지 쌓을 수 있다. 그렇기 때문에 먼저 기본적인 지식을 쌓지 않으면 아무리 열심히 공부해도 과학 과목에서 높은 점수를 받기 어렵다. 기본적인 지식을 많이 쌓는 방법으로는 독서와 다양한 경험이 있다. 그래서 입시에서 독서 이력과 창의적 체험활동(www.neis.go.kr)을 보는 것이다.

### 2단계  동기 부여

인간은 본인의 의지로 선택한 일에 책임감이 더 강해지므로 스스로 적성을 찾고 장래를 선택하는 것이 가장 좋다. 스스로 적성을 찾는 방법은 여러 종류의 책을 읽어서 자기가 좋아하는 관심 분야를 찾는 것이다. 자기가 원하는 분야에 관심을 갖고 기본 지식을 쌓다 보면, 쌓인 기본 지식이 학습과 연관되면서 공부에 흥미가 생겨 점차 꿈을 이루어 나갈 수 있다. 꿈과 미래가 없이 막연하게 공부만 하면 두뇌의 반응이 약해진다. 그래서 시험 때까지만 기억하면 그만이라고 생각하는 단순 정보는 시험이 끝나는 순간 잊어버린다. 반면 중요하다고 여긴 정보는 두뇌를 강하게 자극해 오래 기억된다. 살아가는 데 꿈을 통한 동기 부여는 학습법 자체보다 더 중요하다고 할 수 있다.

### 3단계  공부 스타일

공부하는 스타일은 학생마다 다르다. 예를 들면, '익숙한 것을 먼저 하고 익숙하지 않은 것을 나중에 하기', '쉬운 것을 먼저 하고 어려운 것을 나중에 하기', '좋아하는 것을 먼저 하고, 싫어하는 것을 나중에 하기' 등 다양한 방법으로 공부를 하다 보면 자신에게 맞는 공부 스타일을 찾을 수 있다. 자신만의 방법으로 공부를 하면 성취감을 느끼기 쉽고, 어떤 일이든지 자신 있게 해낼 수 있다.

## 어느 정도 기본적인 환경을 만들었다면
## 이해 – 기억 – 복습의 자기주도형 3단계 학습법으로
## 창의적 문제해결력을 키우자.

### 1단계 　이해

단원의 전체 내용을 쭉 읽어본 뒤, 개념 확인 문제를 풀면서 중요 개념을 확인해 전체적인 흐름을 잡고 내용 간의 연계(마인드맵 활용)를 만들어 전체적인 내용을 이해한다.

개념을 오래 고민하고 깊이 이해하려 하는 습관은 스스로에게 질문하는 것에서 시작된다.

[이게 무슨 뜻일까? / 이건 왜 이렇게 될까? / 이 둘은 뭐가 다르고, 뭐가 같을까? / 왜 그럴까?]

막히는 문제가 있으면 먼저 머릿속으로 생각하고, 끝까지 이해가 안 되면 답지를 보고 해결한다. 그래도 모르겠으면 여러 방면(관련 도서, 인터넷 검색 등)으로 이해될 때까지 찾아보고, 그럼에도 이해가 안 된다면 선생님께 여쭤 보라. 이런 과정을 통해서 스스로 문제를 해결하는 능력이 키워진다.

### 2단계 　기억

암기해야 하는 부분은 의미 관계를 중심으로 분류해 전체 내용을 조직한 후 자신의 성격이나 환경에 맞는 방법, 즉 자신만의 공부 스타일로 공부한다. 이때 노력과 반복이 아닌 흥미와 관심으로 시작하는 것이 중요하다. 그러나 흥미와 관심만으로는 힘들 수 있기 때문에 단원과 관련된 과학 개념이 사회 현상이나 기술을 설명하기 위해 어떻게 활용되고 있는지를 알아보면서 자연스럽게 다가가는 것이 좋다.

그리고 개념 이해를 요구하는 단원은 기억 단계를 필요로 하지 않기 때문에 이해 단계에서 바로 복습 단계로 넘어가면 된다.

### 3단계 　복습

과학에서의 복습은 여러 유형의 문제를 풀어 보는 것이다. 이렇게 할 때 교과서에 나온 개념과 원리를 제대로 이해할 수 있을 것이다. 기본 교재(내신 교재)의 문제와 심화 교재(창의사고력 교재)의 문제를 풀면서 문제해결력과 창의성을 키우는 연습을 한다면 과학에서 좋은 점수를 받을 수 있을 것이다.

마지막으로 과목에 대한 흥미를 바탕으로 정서적으로 안정적인 상태에서 낙관적인 태도로 자신감 있게 공부하는 것이 가장 중요하다.

안쌤 영재교육연구소 대표 **안 재 범**

# 안쌤이 생각하는
# 영재교육원 대비 전략

## 1. 학교 생활 관리: 담임교사 추천, 학교장 추천을 받기 위한 기본적인 관리
- 교내 각종 대회 대비 및 창의적 체험활동(www.neis.go.kr) 관리
- 독서 이력 관리: 교육부 독서교육종합지원시스템 운영

## 2. 흥미 유발과 사고력 향상: 학습에 대한 흥미와 관심을 유발
- 퍼즐 형태의 문제로 흥미와 관심 유발
- 문제를 해결하는 과정에서 집중력과 두뇌 회전력, 사고력 향상

▲ 안쌤의 사고력 수학 퍼즐 시리즈 (총 14종)

## 3. 교과 선행: 학생의 학습 속도에 맞춰 진행
- '교과 개념 교재 ➡ 심화 교재'의 순서로 진행
- 현행에 머물러 있는 것보다 학생의 학습 속도에 맞는 선행 추천

## 4. 수학, 과학 과목별 학습
- 수학, 과학의 개념을 이해할 수 있는 문제해결

▲ 안쌤의 STEAM + 창의사고력
수학 100제 시리즈
(초등 1, 2, 3, 4, 5, 6학년)

▲ 안쌤의 STEAM + 창의사고력
과학 100제 시리즈
(초등 1, 2, 3, 4, 5, 6학년)

## 5. 융합사고력 향상

- 융합사고력을 향상시킬 수 있는 문제해결로 구성

◀ 안쌤의 수·과학 융합 특강

## 6. 지원 가능한 영재교육원 모집 요강 확인

- 지원 가능한 영재교육원 모집 요강을 확인하고 지원 분야와 전형 일정 확인
- 지역마다 학년별 지원 분야가 다를 수 있음

## 7. 지필평가 대비

- 평가 유형에 맞는 교재 선택과 서술형 답안 작성 연습 필수

▲ 영재성검사 창의적 문제해결력
모의고사 시리즈
(초등 3~4, 5~6, 중등 1~2학년)

▲ SW 정보영재 영재성검사
창의적 문제해결력 모의고사 시리즈
(초등 3~4, 초등 5~중등 1학년)

## 8. 탐구보고서 대비

- 탐구보고서 제출 영재교육원 대비

◀ 안쌤의 신박한 과학 탐구보고서

## 9. 면접 기출문제로 연습 필수

- 면접 기출문제와 예상문제에 자신
  만의 답변을 글로 정리하고, 말로
  표현하는 연습 필수

◀ 안쌤과 함께하는 영재교육원 면접 특강

# 안쌤 영재교육연구소
# 수학 · 과학 학습 진단 검사

## 수학 · 과학 학습 진단 검사란?

수학 · 과학 교과 학년이 완료되었을 때 개념이해력, 개념응용력, 창의력, 수학사고력, 과학탐구력, 융합사고력 부분의 학습이 잘 되었는지 진단하는 검사입니다.

영재교육원 대비를 생각하시는 학부모님과 학생들을 위해, 수학 · 과학 학습 진단 검사를 통해 영재교육원 대비 커리큘럼을 만들어 드립니다.

### 검사지 구성

| | | |
|---|---|---|
| 과학 13문항 | • 다답형 객관식 8문항<br>• 창의력 2문항<br>• 탐구력 2문항<br>• 융합사고력 1문항 |  |
| 수학 20문항 | • 수와 연산 4문항<br>• 도형 4문항<br>• 측정 4문항<br>• 확률/통계 4문항<br>• 규칙/문제해결 4문항 | |

### 수학 · 과학 학습 진단 검사 진행 프로세스

**신청**
안쌤 영재교육연구소
카카오톡으로 신청
**2만 원**

**발송**
수학 · 과학
진단 검사지
**택배 발송**

**진행**
90분간
**검사 진행**

**채점**
채점 후 결과지를
메일과 카카오톡으로
**발송**

검사 종료 후
카카오톡으로 말씀해
주시면 연구소에서
**택배 회수**

로드맵과 함께
교재 선택 및 학습법
**안내 상담**

### 수학 · 과학 학습 진단 학년 선택 방법

----- YES
----- NO

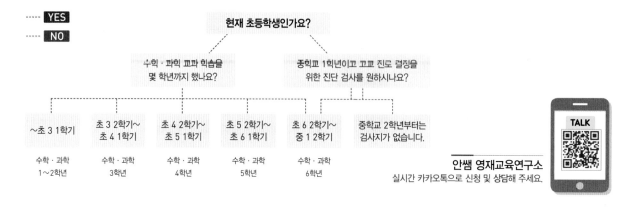

**현재 초등학생인가요?**

수학 · 과학 교과 학습을
몇 학년까지 했나요?

중학교 1학년이고 고교 진로 결정을
위한 진단 검사를 원하시나요?

| ~초 3 1학기 | 초 3 2학기~<br>초 4 1학기 | 초 4 2학기~<br>초 5 1학기 | 초 5 2학기~<br>초 6 1학기 | 초 6 2학기~<br>중 1 2학기 | 중학교 2학년부터는<br>검사지가 없습니다. |
|---|---|---|---|---|---|
| 수학 · 과학<br>1~2학년 | 수학 · 과학<br>3학년 | 수학 · 과학<br>4학년 | 수학 · 과학<br>5학년 | 수학 · 과학<br>6학년 | |

**TALK**

**안쌤 영재교육연구소**
실시간 카카오톡으로 신청 및 상담해 주세요.

# 이 책의 구성과 특징

## · 창의사고력 실력다지기 100제 ·

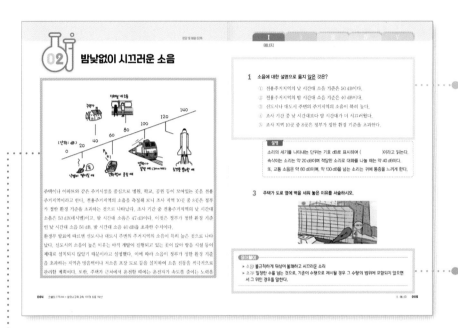

각 영역의 대표 실전 유형문제와 창의사고력 문제로 구성

반드시 필요한 핵심이론과 어렵고 생소한 용어 풀이

실생활에서 접할 수 있는 이야기, 실험, 신문기사 등을 이용해 흥미 유발

## · 영재성검사 창의적 문제해결력 평가 기출예상문제 ·

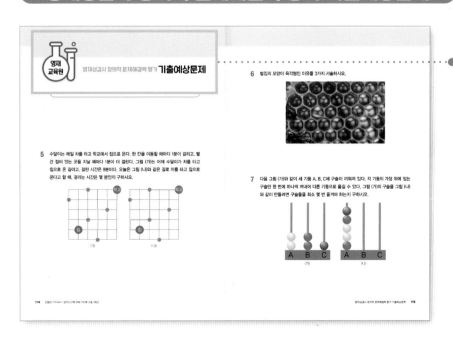

• 교육청 · 대학 · 과학고 부설 영재교육원 영재성검사, 창의적 문제해결력 평가 기출예상문제 수록

• 영재교육원 선발 시험의 문제 유형과 출제 경향 예측

# 이 책의 차례

**창의사고력 실력다지기 100제**

Ⅰ 에너지 · · · · · · · · · · · · · · · · · · · · · · · · · · · · · · · · · · · · 001

Ⅱ 물질 · · · · · · · · · · · · · · · · · · · · · · · · · · · · · · · · · · · · · · 022

Ⅲ 생명 · · · · · · · · · · · · · · · · · · · · · · · · · · · · · · · · · · · · · · 044

Ⅳ 지구 · · · · · · · · · · · · · · · · · · · · · · · · · · · · · · · · · · · · · · 066

Ⅴ 융합 · · · · · · · · · · · · · · · · · · · · · · · · · · · · · · · · · · · · · · 088

**영재성검사 창의적 문제해결력 평가 기출예상문제**      110

# Ⅰ

# 에너지

**01** 이산화 탄소의 발생량 줄이기

**02** 밤낮없이 시끄러운 소음

**03** '방방이' 탈 때 조심하세요!

**04** 밤이 너무 밝다

**05** 세계 최대 규모, 시화호 조력발전소

**06** 보온 주머니, 밥멍덕

**07** 에너지 효율과 탄소중립포인트 제도

**08** 원자력 발전의 두 얼굴

**09** 우주 강국의 꿈

**10** 눈 폭탄과 마찰력

# 01 이산화 탄소의 발생량 줄이기

여름철 기온이 올라갈수록 에어컨의 사용량이 점점 많아진다. 에어컨의 시원한 바람으로 우리는 더위를 물리칠 수 있으나 에어컨 사용 시간이 길어질수록 지구 온난화의 원인인 이산화 탄소의 발생량도 늘어난다.

전력거래소의 조사에 따르면 에어컨을 사용했을 때, 1년간 배출되는 이산화 탄소의 발생량은 101 kg으로 나타났다. 하지만 우리가 에어컨 사용 시간을 1시간 줄이면 1년간 배출되는 이산화 탄소의 발생량을 14 kg 줄일 수 있다. 이것은 나무 3그루를 심거나 키우는 것과 같은 효과이다. 또한, 에어컨의 냉방 온도를 2 ℃ 높이면 1년간 배출되는 이산화 탄소의 발생량을 5 kg 줄일 수 있다.

이산화 탄소의 발생량을 줄이기 위해 나무를 심는 것은 어려울 수도 있지만 생활 속에서 이산화 탄소를 줄이는 생활 습관을 실천하는 것은 어렵지 않다. 냉난방 기기 사용 시간을 줄이고 사용할 때에는 적절한 온도를 유지하면 이산화 탄소의 발생량을 줄일 수 있다. 그뿐만 아니라 냉난방 기기를 청소하거나 단열재를 사용하여 열 손실을 막아 이산화 탄소의 발생량을 줄일 수 있다.

**1** 지구 온난화의 원인인 기체는?

　① 수소　　　　　② 산소　　　　　③ 질소

　④ 염소　　　　　⑤ 이산화 탄소

**2** 에어컨을 다음과 같이 사용할 경우 1년간 이산화 탄소의 발생량을 얼마나 줄일 수 있는지 구하시오.

**3** 냉난방 기기의 사용 시간이나 온도를 조절하는 것 외에 이산화 탄소의 발생량을 줄이는 방법을 쓰시오.

---

**용어풀이**

▶ 지구 온난화: 지구 표면의 평균 온도가 상승하는 현상

---

# 02 밤낮없이 시끄러운 소음

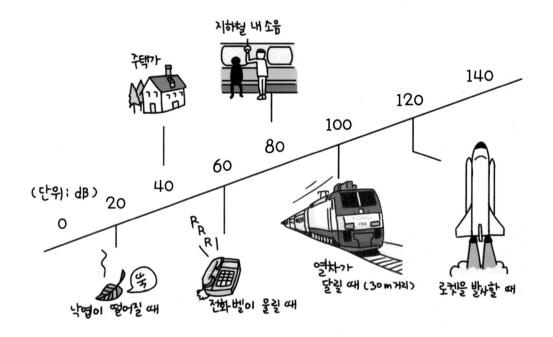

주택이나 아파트와 같은 주거시설을 중심으로 병원, 학교, 공원 등이 모여있는 곳을 전용주거지역이라고 한다. 전용주거지역의 소음을 측정해 보니 조사 지역 10곳 중 8곳은 정부가 정한 환경 기준을 초과하는 것으로 나타났다. 조사 기간 중 전용주거지역의 낮 시간대 소음은 53 dB(데시벨)이고, 밤 시간대 소음은 47 dB이다. 이것은 정부가 정한 환경 기준인 낮 시간대 소음 50 dB, 밤 시간대 소음 40 dB을 초과한 수치이다.

환경부 발표에 따르면 신도시나 대도시 주변의 주거지역의 소음이 특히 높은 것으로 나타났다. 신도시의 소음이 높은 이유는 아직 개발이 진행되고 있는 곳이 많아 방음 시설 등이 제대로 설치되지 않았기 때문이라고 설명했다. 이에 따라 소음이 정부가 정한 환경 기준을 초과하는 지역은 방음벽이나 저소음 포장 도로 등을 설치하여 소음 진동을 적극적으로 관리할 계획이다. 또한, 주택가 근처에서 운전할 때에는 운전자가 속도를 줄이는 노력을 스스로 하도록 시민들에게 당부했다.

**1** 소음에 대한 설명으로 옳지 <u>않은</u> 것은?

① 전용주거지역의 낮 시간대 소음 기준은 50 dB이다.

② 전용주거지역의 밤 시간대 소음 기준은 40 dB이다.

③ 신도시나 대도시 주변의 주거지역의 소음이 특히 높다.

④ 조사 기간 중 낮 시간대보다 밤 시간대가 더 시끄러웠다.

⑤ 조사 지역 10곳 중 8곳은 정부가 정한 환경 기준을 초과한다.

**2** 다음 설명에서 빈칸에 들어갈 알맞은 말을 왼쪽 글에서 찾아 쓰시오.

> **설명**
>
> 소리의 세기를 나타내는 단위는 기호 dB로 표시하며 (          )이라고 읽는다.
> 속삭이는 소리는 약 20 dB이며 적당한 소리로 대화를 나눌 때는 약 40 dB이다.
> 또, 교통 소음은 약 80 dB이며, 약 130 dB을 넘는 소리는 귀에 통증을 느끼게 한다.

**3** 주택가 도로 옆에 벽을 세워 놓은 이유를 서술하시오.

---

**용어풀이**

▶ 소음: 불규칙하게 뒤섞여 불쾌하고 시끄러운 소리
▶ 초과: 일정한 수를 넘는 것으로, 기준이 수량으로 제시될 경우 그 수량의 범위에 포함되지 않으면서 그 위인 경우를 말한다.

# '방방이' 탈 때 조심하세요!

방방이로 불리는 트램펄린은 용수철이 달린 매트 위에서 방방 뛸 수 있는 놀이 기구로, 어린이들이 좋아하는 것이다. 용수철은 철사를 나선 모양으로 감아서 만든 것인데, 힘을 주면 늘어나거나 줄어들며 주었던 힘을 빼면 다시 원래대로 돌아온다. 용수철의 이러한 성질을 이용하면 충격이나 진동을 줄일 수 있어 생활 속에서 다양하게 이용된다.

트램펄린 위에서 재미있게 뛸 수 있지만 여러 가지 안전사고가 발생하므로 주의가 필요하다. 특히 가정 내에서 발생하는 어린이 트램펄린 안전사고가 늘어나고 있다. 사고가 발생하는 원인으로는 트램펄린 위에서 뛰다가 중심을 잃어 미끄러지거나 넘어지는 경우가 가장 많았다. 또, 트램펄린에서 추락하거나 트램펄린의 프레임이나 벽 등 주변 사물에 부딪히기도 하고, 매트와 용수철 연결 부위에 발이 끼는 사고가 발생하기도 한다.

트램펄린 사고를 예방하기 위하여 용수철 덮개나 그물망과 같은 안전장치를 함께 설치하고, 충돌 사고 방지를 위해 벽이나 가구와 간격을 두고 트램펄린을 설치해야 한다. 또, 주변에 장난감 등의 물건을 두지 않아야 하고, 부모님이 보는 앞에서 어린이가 사용하도록 해야 한다.

**1** 용수철에 대한 설명으로 옳지 <u>않은</u> 것은?

① 힘을 주면 모양이 변한다.

② 철사를 나선 모양으로 감아서 만든다.

③ 주었던 힘을 빼면 원래 모양으로 되돌아 간다.

④ 용수철에 힘을 많이 줄수록 모양은 조금 변한다.

⑤ 용수철의 성질을 이용하면 충격이나 진동을 줄일 수 있다.

**2** 트램펄린은 용수철의 어떤 성질을 이용한 것인지 왼쪽 글에서 찾아 쓰시오.

**3** 우리 주변에서 트램펄린처럼 용수철을 이용한 경우를 세 가지 쓰시오.

**핵심이론**

외부의 힘에 의해 물체의 모양이 바뀌었다가 이 힘이 없어졌을 때 원래의 상태로 되돌아 가려는 성질을 탄성이라고 한다. 용수철은 탄성이 큰 물체로, 트램펄린은 용수철의 탄성을 이용한 것이다.

# 04 밤이 너무 밝다

인공 빛은 일상생활에서 유용하게 사용되지만 잘못 사용하면 큰 피해를 준다. 인공 조명이 너무 밝거나 지나치게 많아서 밤에도 낮처럼 밝은 상태가 유지되는 현상을 빛 공해라고 한다. 빛 공해로 인해 철새들은 길을 잃어 헤매기도 하고, 매미는 낮과 밤을 구분하지 못해 늦은 밤까지 울기도 한다. 또한, 바다거북은 빛에 의해 방향 감각을 잃고 서식지를 벗어나기도 한다. 그뿐만 아니라 식물과 농작물에도 영향을 주어 잘 성장하지 못한다.

빛 공해는 사람에게도 직접적인 영향을 미친다. 낮보다 밝은 밤 때문에 사람들은 잠을 못 이루기도 하고, 빌딩의 밝은 불빛이 운전자의 안전을 위협하기도 한다.

다행히 빛 공해는 인공 조명을 꺼 불필요한 빛을 줄이는 것으로 막을 수 있다. 예를 들어 사람의 움직임을 파악해 자동으로 켜지고 꺼지는 조명을 사용하거나 사용하지 않는 조명을 꺼두면 빛 공해로 인한 피해를 줄일 수 있다.

**1** 다음 설명에서 빈칸에 들어갈 알맞은 말을 왼쪽 글에서 찾아 쓰시오.

> **설명**
>
> (              )는 지나친 인공 조명으로 밤에도 낮처럼 밝은 상태가 유지되어 인간의 쾌적한 생활을 방해하거나 환경에 피해를 주는 것을 말한다.

**2** 빛 공해로 인한 문제점이 <u>아닌</u> 것은?

① 식물이 잘 성장하지 못한다.

② 철새들이 길을 잃고 헤맨다.

③ 어두운 밤거리를 밝혀 길을 쉽게 찾을 수 있다.

④ 낮보다 밝은 밤 때문에 사람들은 잠을 못 이룬다.

⑤ 낮과 밤을 구분하지 못한 매미가 늦은 밤까지 운다.

**3** 인공 조명이 우리 생활에서 유용하게 이용되는 경우를 세 가지 쓰시오.

---

**용어풀이**

▶ 빛: 우리 눈을 자극하여 물체를 볼 수 있게 하는 것
▶ 조명: 빛을 인간 생활에 유용하게 사용하는 기술

# 05 세계 최대 규모, 시화호 조력발전소

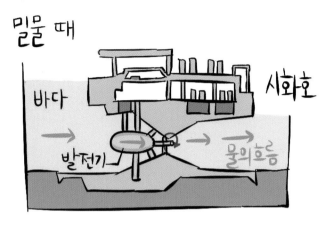

밤하늘에 보름달이 뜨자 시화호 조력발전소가 매우 바빠졌다. 달과 태양이 해수면을 끌어 당기는 밀물과 썰물을 이용하여 전기를 만드는 조력발전소는 보름달이 뜨는 시기부터 밀물과 썰물의 높이 차이가 커져 많은 양의 전기를 만들 수 있기 때문이다.

시화호는 1990년대 인근 지역에 농업 용수를 공급할 목적으로 만들어진 인공 호수다. 하지만 생활 하수와 공장 폐수가 흘러들어와 '죽음의 호수'로 불릴 정도로 심각하게 오염되었다. 이러한 오염 문제를 해결하기 위해 호수에 바닷물을 유입하게 되었는데, 그 과정에서 밀물과 썰물을 이용한 조력발전소를 건설한 것이다. 조력발전은 안전성이 높아 친환경적이고 지속 가능하여 오염 물질을 발생시키지 않는 청정에너지라는 평가를 받고 있다.

하지만 모든 조력발전소가 친환경적이라고 할 수 없다. 조력발전소 건설에 필요한 거대한 인공 물막이가 해안의 경관과 생태계를 파괴할 수도 있기 때문이다. 조력발전소를 위한 인공 물막이는 갯벌을 못 쓰게 만들어 버릴 수도 있다. 또, 어족 자원을 변화시키거나 철새가 생활하는 공간을 파괴시킬 수도 있다.

**1** 시화호가 '죽음의 호수'로 불렸던 이유로 옳은 것을 <u>모두</u> 고르면?

① 공장 폐수가 흘러들었기 때문에

② 생활 하수가 흘러들었기 때문에

③ 해마다 물놀이 사고가 자주 일어나기 때문에

④ 조력발전소 건설 공사로 갯벌이 사라졌기 때문에

⑤ 조력발전소 건설로 인공 물막이를 만들었기 때문에


**2** 조력발전의 좋은 점을 왼쪽 글에서 찾아 쓰시오.


**3** 조력발전소 건설로 인해 시화호에 생겨날 환경적 문제점을 서술하시오.


**용어풀이**

▶ 밀물: 바닷물이 해안가로 들어오는 것
▶ 썰물: 해안가에서 바닷물이 빠지는 것

# 06 보온 주머니, 밥멍덕

위의 그림에서 붉은색 물건은 '밥멍덕'이다. 밥멍덕? 이름만 들으면 무엇에 쓰는 물건인지 알기 어렵다. 밥멍덕은 가마솥으로 밥을 짓던 시절 밥의 온도를 따뜻하게 유지하는 데 사용되었다. 지금은 전기밥솥으로 1~2인분의 밥을 빠른 시간 안에 지을 수 있고, 전자레인지로 차가운 밥을 금방 데울 수도 있다. 하지만 과거에는 밥공기에 밥을 담아 방 안에서 가장 따뜻한 아랫목에 두고 밥멍덕을 덮어 씌워 밥의 온도를 유지했다.

열은 에너지의 한 종류로 온도가 높은 곳에서 낮은 곳으로 이동한다. 따뜻한 밥공기를 손으로 잡으면 밥공기에서 손으로 열이 이동하고, 공기 중에 놓아두면 밥공기에서 공기 중으로 열이 이동하면서 밥공기 안의 밥의 온도가 낮아진다. 하지만 밥공기에 밥멍덕을 씌워 두면 밥멍덕이 밖으로 열이 빠져나가는 것을 막아주기 때문에 밥이 천천히 식는다. 알록달록한 밥멍덕 덕분에 추운 겨울날 바깥에서 신나게 뛰어 놀고 집에 돌아온 아이들은 따뜻한 밥을 먹을 수 있었다.

**1** 열에 대한 설명으로 옳지 <u>않은</u> 것은?

① 열을 얻으면 따뜻해진다.

② 열을 잃으면 온도가 낮아진다.

③ 열은 물체의 온도를 높일 수 있는 에너지이다.

④ 열은 온도가 낮은 곳에서 높은 곳으로 전달된다.

⑤ 물체가 차갑고 따뜻한 정도를 수량으로 나타낸 것을 온도라고 한다.

**2** 다음 설명에서 빈칸에 들어갈 알맞은 말을 왼쪽 글에서 찾아 쓰시오.

> **설명**
>
> 밥의 온도를 따뜻하게 유지하려면 (        )의 이동을 막아야 한다.

**3** 우리 주변에서 밥멍덕처럼 열의 이동을 막아 주는 물건을 세 가지 쓰시오.

**용어풀이**

▶ 열: 물체의 온도를 높이거나 상태를 변화시키는 원인

# 07 에너지 효율과 탄소중립포인트 제도

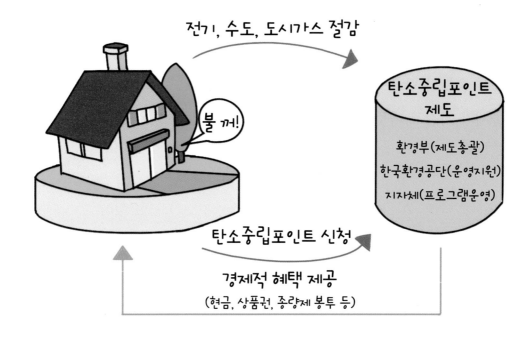

에너지 효율은 어떤 에너지가 다른 형태의 에너지로 바뀌는 과정에서 버려지는 에너지의 양이 어느 정도인지를 나타내는 것을 말한다. 전자제품에는 에너지 소비 효율을 1~5등급 으로 구분하여 표시한다. 에너지 소비 효율 등급의 숫자가 작을수록 에너지 효율이 높은 제품으로, 더 많은 에너지를 절약할 수 있다.

우리나라에서는 2009년부터 '탄소중립포인트 제도'를 시행하여 국민들이 에너지 절약을 실천할 수 있도록 이끌어 주고 있다. 탄소중립포인트 제도는 일상 속에서 탄소중립 생활 을 하면 포인트로 돌려주는 제도이다. 특히 2022년부터는 개인의 다양한 탄소중립 실천 활동에 대해서도 경제적 혜택을 제공하고 있어 참여자가 늘었다. 또한, 실천 분야 역시 전 자영수증 발급, 텀블러 사용, 일회용컵 반납, 배달음식 주문 시 다회용기 사용, 무공해차 대여, 친환경 제품 구매, 폐휴대폰 반납 등 개인이 일상생활에서 실천할 수 있도록 확대되 었다.

**1** 에너지를 가장 많이 절약할 수 있는 가전제품은?

①   ②   ③

④   ⑤

**2** 우리나라에서 국민들이 에너지를 절약을 실천할 수 있도록 포인트를 지급하는 제도를 시행하고 있다. 이 제도는 무엇인지 왼쪽 글에서 찾아 쓰시오.

**3** 탄소중립포인트 제도에서 에너지와 자동차 분야는 기존 사용량 대비 절약한 사용량에 대해 포인트를 제공하고, 녹색생활 실천 분야는 개인의 탄소중립 활동에 포인트를 제공한다. 내가 할 수 있는 탄소중립 활동을 한 가지 쓰시오.

**용어풀이**

▶ 탄소중립: 대기 중에 배출된 온실기체를 흡수·제거하여 실질적인 배출량이 0이 되는 상태
▶ 온실기체: 지구 대기 중에서 온실처럼 지구가 따뜻해지는 온실 효과를 일으키는 기체로, 대표적인 온실기체는 이산화 탄소이다.

# 원자력 발전의 두 얼굴

2011년 동일본 대지진으로 후쿠시마 원자력 발전소가 폭발했다. 이 폭발로 발전소에 있던 방사성 물질이 외부로 흘러나와 주변의 땅과 물을 오염시켰다. 원자력 발전과 관련있는 방사선과 방사능, 방사성 물질은 무엇일까?

먼저 방사선은 방사능을 가진 원자가 분열하면서 발생하는 강한 에너지 전파이다. 사람의 몸에 닿으면 건강한 세포를 병들게 한다. 심하면 암이나 백혈병과 같은 질병을 일으킨다. 방사선을 쬐면 오랜 시간이 흐른 후 병이 들거나 후유증이 나타날 수도 있다. 방사선은 맛이나 소리, 냄새가 없어 쉽게 알아차리기 어렵다. 방사능은 방사선을 내보낼 수 있는 능력을 뜻하며, 방사능을 가진 물질을 방사성 물질이라고 한다. 방사성 물질은 우리 몸에 달라붙어 건강에 나쁜 방사선을 계속 뿜어내기 때문에 방사선을 쬐는 것보다 훨씬 해롭다. 원자력 발전의 연료로 쓰이는 우라늄이 대표적인 방사성 물질이다.

그러나 원자력 발전은 핵을 연료로 사용하기 때문에 탄소의 발생이 거의 없으며, 태양광 발전이나 풍력 발전보다 날씨의 영향도 적게 받으므로 안정적으로 전기를 공급할 수 있다.

**1** 방사선, 방사능, 방사성 물질에 해당하는 설명을 각각 바르게 연결하시오.

방사선 •

방사능 •

방사성
물질 •

• 방사능을 가진 물질

• 방사능을 가진 원자가 분열하면서
발생하는 강한 에너지 전파

• 방사선을 내보낼 수 있는 능력

**2** 원자력 발전에 대한 설명으로 옳지 <u>않은</u> 것은?

① 핵을 연료로 사용한다.

② 발전 시 탄소 발생이 거의 없다.

③ 방사선은 맛이나 소리, 냄새가 없다.

④ 태양광 발전보다 날씨의 영향을 많이 받는다.

⑤ 방사선은 암이나 백혈병과 같은 질병을 일으킬 수 있다.

**3** 방사선을 쬐는 것보다 방사성 물질이 인체에 더욱 해로운 이유를 서술하시오.

용어풀이

▶ 원자력 발전소: 원자 핵이 분열할 때 발생하는 에너지로 전기를 생산하는 발전소

# 우주 강국의 꿈

위성이란 행성 주위를 도는 천체를 말한다. 달은 지구의 위성으로, 지구가 끌어당기는 힘인 중력과 지구 주위를 돌 때 발생하는 원심력 사이에서 균형을 이루며 지구 주위를 돌고 있다. 달처럼 지구의 주위를 돌 수 있도록 사람이 만들어서 쏘아 올린 것을 인공위성이라고 한다.

인공위성은 세계 각 나라 사이의 통신에 활용하는 통신 위성, 지구의 날씨를 관측하는 기상 위성, 지구 또는 우주 공간을 탐사하거나 측정하여 과학 연구에 이용하는 과학 위성, GPS와 같이 위성을 사용해 위치를 알려주는 항법 위성, 군사용 목적으로 사용하는 정찰 위성 등이 있다.

인공위성을 우주로 쏘아 올리기 위해서는 지구의 중력을 이기고 우주로 날아갈 수 있는 우주 발사체가 필요하다. 우리나라는 지난 2013년 우주 발사체 나로호 발사에 성공하면서 11번째 우주 클럽 회원으로 이름을 올렸다. 이후 2023년 5월 25일 누리호 발사에 성공하면서 1t 이상의 위성을 쏘아 올리는 발사체 기술을 세계에서 7번째로 가지게 되었다.

**1** 인공위성에 대한 설명으로 옳지 <u>않은</u> 것은?

① 인공위성은 우주 발사체로 쏘아 올린다.

② 인공위성은 행성 주위를 도는 천체이다.

③ 인공위성으로 지구의 날씨를 관측할 수 있다.

④ 인공위성으로 세계 각 나라와 통신할 수 있다.

⑤ 인공위성의 관측 자료는 과학 연구에 이용된다.

**2** 다음 설명에서 빈칸에 들어갈 알맞은 말을 왼쪽 글에서 찾아 쓰시오.

> **설명**
>
> 인공위성이 지구로 떨어지지 않고 지구 주위를 돌 수 있는 까닭은 지구가 끌어당기는 힘인 (          )과 지구 주위를 돌 때 발생하는 원심력이 균형을 이루고 있기 때문이다.

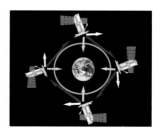

**3** 달과 인공위성의 공통점과 차이점을 한 가지씩 서술하시오.

---

**용어풀이**

▶ 원심력: 물체가 원을 그리며 돌 때 원의 중심에서 멀어지려는 힘

▶ GPS(범지구위치결정시스템): 위성에서 보내는 신호를 이용해 현재 위치를 계산하는 장치

▶ 우주 발사체: 인공위성이나 천체망원경 등을 우주로 보내기 위한 로켓

# 10 눈 폭탄과 마찰력

겨울철 눈이 많이 내려 도로가 빙판길로 변하면 자동차들이 움직이지 못하는 것을 볼 수 있다. 자동차는 도로에 눈이 쌓이면 마찰력이 줄어들어 달리기 힘들기 때문이다. 마찰력은 무엇일까? 마찰력은 물체가 어떤 면과 접촉하여 운동할 때 그 운동을 방해하는 힘이다.

눈이 쌓인 도로에서는 타이어가 미끄러지는 것을 막기 위해 타이어에 체인을 감는 것이 좋다. 또, 브레이크가 작동한 순간부터 자동차가 완전히 멈출 때까지 자동차가 움직이는 거리(제동 거리)가 길어지므로 앞차와의 간격을 평소보다 멀게 한다. 그리고 눈이 녹아 생긴 물이 타이어와 도로에 수막을 형성하여 쉽게 미끄러질 수 있으므로 물이 빠져나가기 쉽도록 타이어의 홈을 크게 만든 겨울용 타이어를 사용하는 것이 좋다.

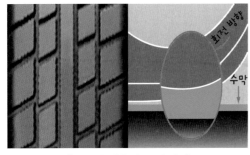

〈평소에 사용하는 타이어〉

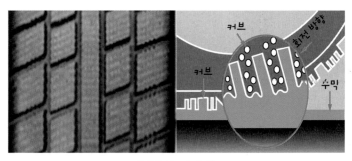

〈겨울용 타이어〉

정답 및 해설 06쪽

020 안쌤의 STEAM + 창의사고력 과학 100제 초등 1학년

**1** 마찰력의 크기를 조절한 경우가 <u>다른</u> 하나는 어느 것인가?

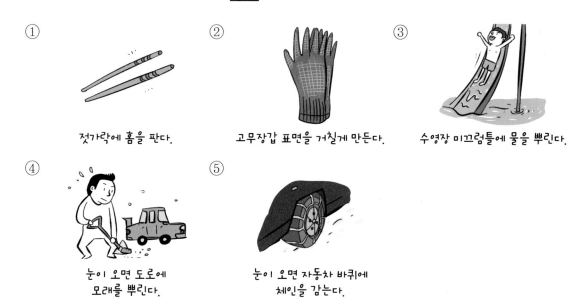

① 젓가락에 홈을 판다.

② 고무장갑 표면을 거칠게 만든다.

③ 수영장 미끄럼틀에 물을 뿌린다.

④ 눈이 오면 도로에 모래를 뿌린다.

⑤ 눈이 오면 자동차 바퀴에 체인을 감는다.

**2** 눈이 쌓인 도로에서 자동차 사고를 막기 위한 방법을 왼쪽 글에서 찾아 쓰시오.

**3** 자동차 경주용 도로를 서킷이라고 한다. 서킷 위를 달리는 경주용 자동차에는 일반 타이어와 다르게 표면이 매끈한 타이어를 사용한다. 그 이유를 마찰력과 연관 지어 서술하시오.

---

**핵심이론**

마찰력은 접촉면이 거칠고 무게가 무거울수록 크게 작용하며 물체의 운동 방향과 반대 방향으로 작용한다.

---

안쌤의
STEAM
+ 창의사고력
과학 100제

# II

# 물질

**11** 자석으로 시금치를 끌어당길 수 있을까?

**12** 얼음의 특이한 성질

**13** 영화 속에 과학이?

**14** 맛있는 아이스크림

**15** 설탕과 소금으로 만드는 저장 식품

**16** 페트병 생수, 세균 오염 주의!

**17** 폭염과 탄산음료

**18** 김치의 과학

**19** 겨울철 자동차 관리

**20** 하늘로 날아가 버린 풍선

# 11 자석으로 시금치를 끌어당길 수 있을까?

철과 같은 금속이 자석에 끌리는 성질을 자기성이라고 한다. 철은 금속 상태일 때 자기성을 띠므로 자석에 달라붙지만 철이 다른 물질과 만나 성질이 변하면 더 이상 자석에 달라붙지 않는다. 만약 철이 녹슬어 있다면 철은 자석에 붙지 않는다.

옛날 만화의 주인공 뽀빠이는 악당을 혼내줄 때 시금치를 먹었다. 뽀빠이가 시금치를 먹으면 힘이 세지는 이유는 바로 시금치 속의 철분 때문이다. 철분은 우리 몸에 흡수되어 혈액 속에서 산소를 옮기는 역할을 하는데, 철분이 부족하면 어지럽고, 얼굴색이 하얘진다. 이때 시금치처럼 철분이 많이 들어 있는 음식을 먹어야 한다.

그렇다면 시금치 안에 철분이 있으니 자석으로 시금치를 끌어당길 수 있을까?

시금치 안의 철분은 자석에 달라붙는 금속이 아니다. 철분은 다른 여러 가지 물질과 복잡하게 결합되어 있기 때문에 자기성이 없다. 따라서 매우 강한 자석을 갖다 대더라도 시금치를 끌어당길 수는 없다.

**1** 자석에 붙는 금속은?

① 금            ② 은            ③ 철

④ 구리         ⑤ 알루미늄

**2** 금속이 자석에 끌리는 성질을 무엇이라고 하는지 왼쪽 글에서 찾아 쓰시오.

**3** 다음 글을 읽고 이에 대한 자신의 생각을 서술하시오.

> 철분이 부족하면 시금치, 달걀노른자, 김과 같은 음식물을 통해 철분을 섭취한다. 음식물을 섭취하지 않고 철분을 보충하기 위해 철사를 먹어도 되지 않을까? 철사는 철이니까 부족한 철분을 보충해 줄 수 있을 것 같다.

**용어풀이**

▸ 금속: 철이나 구리와 같이 전기와 열을 잘 전달하며 특유한 광택이 나는 고체 물질
▸ 철분: 물질에 포함된 철의 성분
▸ 결합: 둘 이상의 물건이 서로 관계를 맺어 하나가 되는 것

# 얼음의 특이한 성질

재우는 시원한 얼음물을 마시기 위해서 병에 물을 가득 담아 냉동실에 넣어 두었다.

병은 어떻게 될까?

만약 플라스틱 병이라면 뚱뚱하게 부풀어 올랐을 것이고, 유리병이라면 깨져버렸을 것이다. 그 이유는 물은 얼면서 부피가 늘어나기 때문이다. 물이 얼 때 물을 이루는 작은 알갱이들이 육각형의 고리 모양을 이루게 된다. 이 육각형의 모양 가운데 빈 공간이 생기기 때문에 물이 얼음으로 변하면 부피가 늘어난다.

또, 투명한 물을 얼린 얼음은 어떤 색일까? 냉동실에서 얼린 얼음은 투명한 물과 다르게 속이 뿌옇게 보인다. 그 이유는 얼음을 얼린 물에는 기체가 포함되어 있기 때문이다. 눈에 보이지는 않지만 물속에는 공기 중의 다양한 기체가 녹아 있다. 물이 얼 때 이 기체들이 빠져나가지 못하면서 조그만 공간을 차지하게 되는데, 기체가 차지한 공간에 빛이 통과하면 빛이 반사되면서 얼음이 뿌옇게 보인다.

**1** 얼음의 결정 구조의 모양은?

① 삼각형　　　　② 사각형　　　　③ 오각형

④ 육각형　　　　⑤ 불규칙한 모양

**2** 유리병에 물을 가득 넣어서 얼리면 깨지는 이유를 왼쪽 글에서 찾아 쓰시오.

**3** 물을 얼릴 때 투명한 얼음을 만들 수 있는 방법을 추리하여 서술하시오.

**용어풀이**

▶ 기체: 공기, 산소, 이산화 탄소 등과 같이 담는 그릇에 따라 모양이 변하고 그릇을 항상 가득 채우는 물질의 상태

# 영화 속에 과학이?

〈배트맨과 로빈〉이라는 영화에서는 배트맨이 얼어버린 로빈을 물속에 넣고 붉은색 레이저를 쏘아 물을 가열하면 물 전체가 붉게 변하면서 얼었던 로빈이 녹는다.

영화에서처럼 물을 가열하면 붉게 변할까?

실제로 물을 가열하면 색은 변하지는 않고 끓는다. 또, 가열된 물은 온도가 높아지지만 100 ℃를 넘지 못한다. 끓는 물을 계속 가열하면 물은 수증기로 변한다. 따라서 물 전체가 붉게 변하는 것은 영화 속 효과일 뿐이다.

액체 상태의 물질을 가열하면 물질의 온도는 점점 높아지다가 끓기 시작하면 온도가 일정하게 유지된다. 이때의 온도를 물질의 끓는점이라고 한다. 마찬가지로 고체 상태의 물질을 가열하면 온도가 점점 높아지다가 녹기 시작하면 온도가 일정하게 유지된다. 이때의 온도를 녹는점이라고 한다. 물질의 끓는점과 녹는점은 물질을 구별할 수 있는 고유한 특성이다. 예를 들어 물의 끓는점은 100 ℃, 녹는점은 0 ℃로 일정하다. 따라서 어떤 물질이 100 ℃에서 끓고, 0 ℃에서 녹는다면 그 물질은 물이라고 할 수 있다.

**1** 물에 대한 설명으로 옳지 <u>않은</u> 것은?

① 물의 끓는점은 100 ℃이다.

② 얼음의 녹는점은 0 ℃이다.

③ 얼음을 가열하면 물이 된다.

④ 물을 계속 가열하면 붉게 변한다.

⑤ 물을 계속 가열하면 수증기가 된다.

**2** 물질의 고유한 성질로 물질을 구별할 수 있는 특성에 해당하는 것을 왼쪽 글에서 모두 찾아 쓰시오.

**3** 영화 속에서는 얼어버린 로빈을 물에 넣고 녹여서 되살려 냈다. 하지만 현실에서는 얼어버린 생물을 다시 녹인다고 해도 되살아나지 않는다. 물이 얼었을 때의 특징을 생각해서 그 이유를 서술하시오.

**용어풀이**

▶ 가열: 어떤 물질에 열을 가하는 것
▶ 끓음: 액체가 열을 얻어 표면과 내부에서 기체로 변하는 현상

# 14 맛있는 아이스크림

과거 중국인들은 눈이나 얼음에 꿀과 과일즙을 섞어 먹었다. 13세기 중국을 방문한 마르코 폴로는 동방견문록이라는 책을 통해 이것을 유럽에 소개했다. 1550년대 이탈리아 요리사들은 과일즙에 설탕이나 향이 좋은 술을 넣고 잘 섞어서 얼린 셔벗과 같은 아이스크림을 만들었다. 이것은 귀족과 같은 부유층에서만 즐겼다. 이후 1851년 미국의 제이콥 휘슬에 의해 부드러운 크림과 같은 아이스크림이 널리 퍼지기 시작했다.

달콤하고 부드러운 아이스크림은 어떻게 만드는 것일까?

설탕, 과당, 유당 등은 아이스크림의 단맛을 내며, 아이스크림 혼합 용액의 어는점을 낮추는 역할을 한다. 크림이나 버터에서 얻을 수 있는 유지방은 입안에서 쉽게 녹아 부드러운 느낌을 준다. 유화제는 서로 잘 섞이지 않는 재료들을 잘 섞이게 하고, 안정제는 아이스크림이 쉽게 녹아 흘러내리는 것을 막는다. 아이스크림을 만들 때는 이처럼 다양한 재료를 넣고 재료가 잘 섞이도록 휘젓는다. 이때 아이스크림 속에 공기가 들어가 아이스크림의 부드러움을 더해 준다.

**1** 아이스크림에 대한 설명으로 옳은 것을 <u>모두</u> 고르면?

① 설탕, 과당, 유당 등이 단맛을 낸다.

② 유화제는 아이스크림 혼합 용액의 어는점을 낮춘다.

③ 과거 중국인들은 얼린 셔벗과 같은 아이스크림을 먹었다.

④ 13세기 마르코 폴로의 동방견문록을 통해 미국에 알려졌다.

⑤ 부드러운 크림과 같은 아이스크림에는 여러 가지 재료가 들어간다.

**2** 아이스크림을 휘저어 주면 더 부드러워진다. 그 원인이 되는 것은 무엇인지 왼쪽 글에서 찾아 쓰시오.

**3** 차가운 아이스크림을 급하게 먹으면 머리가 띵한 '아이스크림 두통'이 생긴다. 〈보기〉의 단어들을 모두 사용하여 아이스크림 두통이 생기는 이유를 추리하여 서술하시오.

> **보기**
>
> 온도, 혈관, 수축(줄어듦), 이완(늘어남), 혈액의 흐름

**용어풀이**

▶ 과당: 찬꿀, 꽃, 채소, 특히 과일에 많이 존재하는 단맛을 내는 성분

▶ 유당: 우유에 들어 있는 단맛을 내는 성분

▶ 유지방: 우유에 들어 있는 지방 성분

# 15 설탕과 소금으로 만드는 저장 식품

딸기잼에 설탕 대신 소금을 넣어도 오랫동안 보존할 수 있다. 설탕과 소금은 미생물을 죽이거나 힘을 약하게 해 음식물이 상하지 않게 하기 때문이다. 설탕이나 소금을 이용하여 음식물을 보존하려고 할 때 농도는 아주 진해야 한다. 설탕이나 소금의 농도가 20~25 %가 넘으면 음식을 상하게 하는 대부분의 미생물이 살아남지 못한다. 그 이유는 설탕과 소금이 미생물의 몸속의 물을 모두 빼내기 때문이다.

어떻게 설탕이나 소금이 미생물의 몸속의 물을 빼내는 걸까?

미생물의 몸은 반투막으로 둘러싸여 있다. 반투막 안에는 물이 들어 있고, 단백질을 포함한 여러 가지 물질이 녹아 있다. 미생물이 농도가 진한 설탕물과 만나면 설탕물의 농도가 미생물의 몸속의 물의 농도보다 높아 미생물의 안쪽에 있는 물이 반투막을 통과해 바깥쪽으로 이동한다. 이와 같은 현상을 삼투 현상이라고 하는데, 삼투 현상에 의해 미생물의 몸속의 물이 설탕물 쪽으로 빠져나와 미생물이 죽거나 약해지는 것이다. 마찬가지로 배추에 소금을 뿌리면 삼투 현상에 의해 배추 속의 물이 빠져나온다.

**1**  설탕과 소금에 대한 설명으로 옳지 <u>않은</u> 것은?

① 음식물을 상하지 않게 만든다.

② 미생물의 몸속에 있는 물을 모두 빼낸다.

③ 배추에 소금을 뿌리면 배추 속에서 물이 빠져나온다.

④ 음식 속의 미생물을 죽이진 못하지만 힘을 약하게 만든다.

⑤ 음식 속에 설탕과 소금을 충분히 넣어야 오래 보관할 수 있다.

**2**  다음 설명에서 빈칸에 들어갈 알맞은 말을 왼쪽 글에서 찾아 쓰시오.

> **설명**
>
> 물만 통과할 수 있는 반투막을 사이에 두고 농도가 낮은 쪽에서 높은 쪽으로 물이
> 이동하는 현상을 (            ) 현상이라고 한다.

**3**  목이 마를 때 바닷물을 마시면 안 되는 이유를 삼투 현상과 관련지어 서술하시오.

**용어풀이**

▶ 농도: 용액의 진한 정도로 설탕물은 진할수록 달고 소금물은 진할수록 짜다

▶ 반투막: 혼합물 중에서 일부 성분만 통과시키고 나머지 성분은 통과시키지 않는 막

# 16 페트병 생수, 세균 오염 주의!

많은 사람들이 페트병 생수는 깨끗하고 안전한 물이라고 생각한다. 하지만 페트병 생수를 사서 마시는 사람이라면 세균에 의해 물이 오염되는 것을 주의해야 한다. 보통 페트병에 담긴 생수를 몇 모금 마신 후 뚜껑을 닫아 놓았다가 다시 마시곤 하는데, 이것은 세균을 마시는 것과 같다.

한국수자원공사에서 실험한 결과 페트병 뚜껑을 열었을 때에는 물 1 mL당 세균 수가 1마리였다. 하지만 입을 대고 한 모금을 마시고 난 후에 세균 수는 물 1 mL당 900마리로 늘어났다. 하루가 지난 후에는 물 1 mL당 약 4만 마리가 넘었다. 특히 더운 여름철에는 세균의 활동이 활발해져서 4~5시간 만에 세균 수가 1마리에서 100만 마리까지 늘어난다. 그 이유는 침에 있는 영양 물질이 세균의 활동에 도움을 주기 때문이다. 많은 양의 세균에 오염된 물을 마시면 복통이나 식중독, 장염, 설사 등이 생길 수 있으니 주의해야 한다.

페트병 생수를 마실 때는 입을 대지 말고 컵에 따라 마시는 것이 좋으며, 만약 입을 대고 마셔야 한다면 한 번에 다 마시도록 한다. 또한, 물을 다 마시고 남은 페트병은 다시 사용하지 않는 것이 안전하다.

**1** 생수가 담긴 페트병에 입을 대고 마실 경우 위험한 원인은?

① 더위　　　　　② 먼지　　　　　③ 세균

④ 불순물　　　　⑤ 발암 물질

**2** 페트병 생수를 안전하게 마실 수 있는 방법을 왼쪽 글에서 찾아 쓰시오.

**3** 빈 페트병을 다시 사용하지 않는 것이 안전한 이유를 페트병의 모양과 관련지어 서술하시오.

---

**용어풀이**

▶ 세균: 생물체 중에서 가장 작은 것으로, 식품이나 물에 바람직하지 않은 세균이 들어오면 오염될 수 있다.

# 폭염과 탄산음료

여름철이 되면 톡 쏘는 탄산음료를 마시는 사람들이 많아진다. 탄산음료를 마실 때에는 보관에도 주의를 기울여야 한다. 특히, 아주 더운 여름 자동차 안에 탄산음료를 두는 것은 언제 터질지 모르는 폭발물을 넣어 두는 것과 같다.

탄산음료는 이산화 탄소가 물에 녹아 톡 쏘는 맛을 내는데, 온도가 60 ℃ 이상 되면 음료에서 빠져 나온 이산화 탄소에 의해 압력이 증가하면서 폭발하게 된다. 자동차 안의 온도가 높아지면 안에 있던 탄산음료는 약 3시간 만에 폭발할 수 있다고 한다. 특히, 먹다 남은 탄산음료는 새것보다 더 쉽게 폭발한다. 그 이유는 온도가 높아지면 미생물의 활동이 활발해져 병 안의 이산화 탄소의 양이 증가하기 때문이다.

탄산음료는 어떻게 보관해야 할까?

이산화 탄소는 온도가 낮을수록 물에 잘 녹는다. 따라서 탄산음료는 반드시 서늘한 곳에서 얼지 않도록 보관하는 것이 좋고, 뚜껑을 딴 후에는 되도록 빨리 마시는 것이 좋다. 만약 한 번에 다 먹지 못한다면 뚜껑을 꽉 닫은 후 냉장고에 보관하는 것이 좋다.

1 탄산음료의 톡 쏘는 맛을 유지하기 위한 방법을 <u>모두</u> 고르면?

   ① 얼린다.

   ② 흔든다.

   ③ 냉장고에 넣는다.

   ④ 따뜻한 곳에 둔다.

   ⑤ 뚜껑을 잘 닫는다.

2 탄산음료의 톡 쏘는 맛은 무엇 때문인지 왼쪽 글에서 찾아 쓰시오.

3 여름철에는 탄산음료뿐만 아니라 마시다 남은 주스병이 폭발하는 사고가 발생할 수 있다. 마시다 남은 주스병이 폭발하는 이유를 추리하여 서술하시오.

**용어풀이**

▶ 탄산음료: 이산화 탄소가 물에 녹아 있는 용액
▶ 압력: 누르는 힘, 기체의 압력은 기압이라고 한다.

# 18 김치의 과학

우리나라에서는 겨울이 되면 배추로 김장 김치를 담근다. 새콤한 김치의 신맛은 온도와 유산균의 영향을 받는데, 이들을 적절히 조절하면 김치가 맛있게 익는다.

유산균의 활동에 따라 김치의 산도(pH)와 익는 정도가 달라진다. 김치 속에서 유산균이 활동하면 젖산이라는 물질이 만들어지는데, 이 젖산이 김치의 산도를 변하게 한다. 김치를 갓 담근 초기에는 산도가 6.5 정도로 약한 산성을 띤다. 김치가 가장 맛있는 시기인 적숙기가 되면 산도는 4.5가 된다. 이때는 젖산과 함께 탄산도 만들어지기 때문에 잘 익은 김치를 먹으면 톡 쏘는 느낌이 나기도 한다. 유산균의 활동이 활발할수록 젖산이 많이 발생하는데, 젖산이 많아지면서 김치가 점점 익게 되는 것이다. 그러나 젖산이 너무 많아져서 김치가 많이 익게 되면 맛은 점점 시어지고 쿰쿰한 냄새가 나기도 한다.

유산균이 활발하게 활동하는 것을 막기 위해서는 어떻게 해야 할까?

김치를 적절한 낮은 온도에서 보관해야 한다. 냉장고가 없었던 옛날에는 김장독을 땅속에 묻어 보관했다. 땅속은 온도를 0~1 ℃로 일정하게 유지하여 김치가 얼지 않게 하고, 젖산이 생기는 것을 늦춰 주기 때문이다.

**1** 김치의 신맛에 영향을 주는 미생물은?

① 무　　　　　　② 배추　　　　　③ 소금
④ 온도　　　　　⑤ 유산균

**2** 김치의 신맛이 나게 하는 유산균의 활동에 영향을 주는 요인을 왼쪽 글에서 찾아 쓰시오.

**3** 김치가 너무 많이 익으면 맛은 매우 시어진다. 그 이유를 산도와 연관지어 서술하시오.

---

**용어풀이**

▶ 산도(pH): 용액이 가지고 있는 산의 세기를 말한다. pH가 작을수록 산성, pH가 클수록 염기성을 나타낸다.

▶ 산성: 김치, 식초 등 신맛을 내는 대부분의 것들이 산성이다.

# 19 겨울철 자동차 관리

냉각수는 자동차 엔진에서 발생하는 열을 흡수해 자동차의 고장을 방지하는 역할을 한다. 온도가 낮은 겨울철에는 냉각수가 얼어 자동차가 고장 날 수 있으므로 부동액을 사용하여 냉각수가 얼지 않도록 해야 한다. 이때 자동차의 부동액으로는 끈적끈적하고 단맛이 나는 무색의 에틸렌글리콜을 주로 사용한다.

냉각수의 역할만 생각하면 물만 사용해도 괜찮지 않을까?

물은 얼면서 부피가 커지기 때문에 자동차 안이 망가질 수 있다. 물에 부동액인 에틸렌글리콜을 넣으면 쉽게 얼지 않는다. 그 이유는 물의 어는점은 0 ℃, 에틸렌글리콜의 어는점은 −12 ℃로 강추위에는 각각 얼어버릴 수 있다. 하지만 물과 에틸렌글리콜을 3 : 7 비율로 섞은 혼합 용액의 어는점은 −50 ℃보다 낮은 온도로 강추위 속에서도 쉽게 얼지 않기 때문이다.

한편, 부동액을 넣을 때 뜨겁게 가열된 냉각기의 뚜껑을 함부로 열어서는 안 된다. 냉각기의 뚜껑을 잘못 열면 내부의 압력으로 인해 밖으로 나오려는 뜨거운 냉각수에 화상을 입을 수 있기 때문이다.

**1** 냉각수에 대한 설명으로 옳지 <u>않은</u> 것은?

① 냉각수가 얼면 자동차가 고장날 수 있다.

② 냉각수에 부동액을 넣으면 어는점이 낮아진다.

③ 냉각수가 얼지 않게 하기 위해 부동액을 넣는다.

④ 냉각수는 자동차 엔진에서 발생하는 열을 흡수한다.

⑤ 냉각수로 물을 사용하면 강추위에도 쉽게 얼지 않는다.

**2** 추운 겨울철 자동차 냉각수에 부동액을 넣어 사용해야 하는 이유를 왼쪽 글에서 찾아 쓰시오.

**3** 추운 겨울철뿐만 아니라 더운 여름철에도 냉각수에 부동액을 넣어 사용하는 것이 자동차 관리에 좋다고 한다. 〈보기〉의 단어들을 모두 이용하여 여름철에도 부동액을 사용해야 하는 이유를 추리하여 서술하시오.

> **보기**
>
> 물, 끓는점, 100 ℃

**용어풀이**

▶ 부동액: 액체의 어는점을 낮추기 위해 넣는 액체로, 낮은 온도에서 어는 것을 막아 준다.

▶ 어는점: 액체 물질이 어는 동안 일정하게 유지되는 온도

# 20 하늘로 날아가 버린 풍선

손에 들고 있던 물건을 놓치면 아래로 떨어진다. 하지만 놀이공원에서 산 풍선을 놓치면 왜 하늘 높이 날아가 버릴까?

이 궁금증을 해결하기 위해 먼저 공기에 대해 알아야 한다. 공기는 여러 가지 기체가 섞여 있으며, 색깔과 냄새가 없는 투명한 기체이다. 공기는 대부분 질소와 산소로 이루어져 있고, 적은 양의 이산화 탄소, 아르곤, 헬륨 등 여러 가지 기체가 포함되어 있다.

만약 풍선 속에 여러 가지 기체가 섞인 공기가 들어 있다면 풍선을 놓쳤을 때 하늘 높이 날아가지 않을 것이다. 하지만 놀이공원에서 산 풍선에는 헬륨이라는 한 종류의 기체만 들어 있다. 기체는 종류에 따라 무게가 다른데, 가장 가벼운 기체는 수소이고 두 번째로 가벼운 기체는 헬륨이다. 헬륨은 공기보다 훨씬 가볍기 때문에 헬륨만 들어 있는 풍선을 놓치게 되면 하늘 높이 날아간다.

한편, 입으로 분 풍선은 놓쳐도 하늘 높이 날아가지 않는다. 그 이유는 입으로 내뱉는 날숨에는 공기보다 무거운 이산화 탄소가 많이 섞여 있기 때문에 입으로 분 풍선을 놓치면 바닥으로 떨어진다.

**1** 놀이공원에서 산 풍선 속에 들어 있는 기체는?

① 질소      ② 산소      ③ 헬륨

④ 이산화 탄소      ⑤ 수증기

**2** 놀이공원에서 산 풍선이 하늘 높이 날아간 이유를 왼쪽 글에서 찾아 쓰시오.

**3** 입으로 분 풍선이 바닥으로 가라앉는 이유를 무게와 연관지어 서술하시오.

**용어풀이**

▶ 공기: 지구를 둘러싼 대기의 아래쪽을 구성하고 있는 냄새와 색이 없는 기체

안쌤의
# STEAM
# + 창의사고력
# 과학 100제

# Ⅲ

# 생명

**21** 식물과 꽃

**22** 점점 빨리 피는 벚꽃

**23** 숨 쉬는 알

**24** 연명의료 중단, 결정은?

**25** 주사위 모양의 수박?

**26** 겨울철 빙판길 조심!

**27** 동해에서 발견된 심해 해양생물

**28** 대왕오징어의 비밀

**29** 반려견 비만 관리

**30** 미생물의 두 얼굴

# 21 식물과 꽃

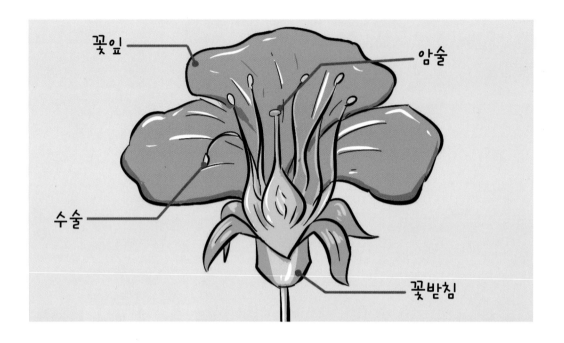

식물의 종류는 다양하다. 고사리처럼 꽃이 피지 않는 식물도 있고, 사과나 감처럼 꽃이 피고 씨가 열매 안에 들어 있는 식물도 있다.

꽃은 암술, 수술, 꽃잎, 꽃받침으로 이루어져 있다. 수술에서 만들어진 꽃가루가 암술머리에 옮겨붙어 꽃가루받이가 일어나면 씨와 열매가 생겨 번식한다. 하지만 고사리와 같이 꽃이 피지 않는 식물은 씨를 만들지 못하며, 대신 포자(홀씨)로 번식한다.

꽃은 언제 지구상에 나타났을까?

스위스와 독일 과학자들이 스위스 북부 지역에서 2억 5,200만~2억 4,700만 년 전에 화석이 된 여섯 종류의 꽃가루를 발견했다. 이 화석을 발견한 과학자들은 "이 당시 꽃이 피는 식물들은 꿀벌이 아닌 딱정벌레와 같은 곤충에 의해 꽃가루받이가 이루어졌을 것"이라고 이야기했다. 그 이유는 꿀벌은 이로부터 약 1억 년 후에야 나타났기 때문이다.

스위스에서 발견된 꽃가루 화석을 통해 꽃이 피는 식물의 역사가 아주 오래되었다는 것을 알 수 있다.

**1** 꽃에 대한 설명으로 옳지 <u>않은</u> 것은?

① 꽃이 피지 않는 식물도 있다.

② 꽃가루는 암술에서 만들어진다.

③ 꽃이 피지 않는 식물은 포자로 번식한다.

④ 꽃이 피는 식물은 씨와 열매가 생겨 번식한다.

⑤ 꽃은 암술, 수술, 꽃잎, 꽃받침으로 이루어져 있다.

**2** 곤충이나 새, 바람 등 여러 가지 원인에 의해 수술의 꽃가루가 암술머리에 옮겨붙는 현상을 무엇이라고 하는지 왼쪽 글에서 찾아 쓰시오.

**3** 장미꽃이나 호박꽃 등은 다른 꽃들에 비해 색깔이 진하고 모양이 화려하며, 진한 향기를 내뿜는다. 이처럼 꽃이 화려하면 좋은 점은 무엇인지 서술하시오.

장미꽃

호박꽃

**용어풀이**

▶ 번식: 동물이나 식물의 수가 늘어나 널리 퍼져나가는 것으로, 동물은 새끼나 알을 낳아서 번식하고 식물은 종류에 따라 번식 방법이 다양하다.

▶ 화석: 옛날에 살았던 생물의 몸체나 흔적이 암석이나 지층 속에 남아 있는 것

# 점점 빨리 피는 벚꽃

봄이 되면 전국 곳곳에서 벚꽃이 활짝 핀다. 서울에서는 1922년부터 벚꽃이 피는 시기를 관측했는데, 기상청은 서울 종로구에 위치한 기상관측소 앞의 왕벚나무 한 가지에서 세 송이 이상의 꽃이 활짝 피면 서울에 벚꽃이 피었다고 발표한다. 지난 30년간 서울의 평균적인 벚꽃의 개화일은 4월 8일이었다. 하지만 2월과 3월의 높아진 기온 때문에 점점 벚꽃이 피는 시기가 빨라져서 최근에는 3월에 벚꽃의 개화일을 발표했다. 서울뿐만 아니라 전국 곳곳에서 점점 벚꽃이 빨리 개화한다.

그런데 일찍 찾아온 봄꽃이 꼭 반가운 것은 아니다. 땅속의 온도는 땅 위의 온도보다 느리게 올라간다. 따라서 땅속에서 겨울을 나고 있던 곤충은 바깥이 따뜻해졌다는 것을 더 느리게 알게 된다. 이렇게 되면 곤충은 꽃이 다 피고 진 이후에 땅 위로 올라와 활동을 시작할 수도 있다. 즉, 꽃과 곤충이 만나지 못하게 될 수 있다고 한다.

**1** 벚꽃에 대한 설명으로 옳지 <u>않은</u> 것은?

① 봄이 되면 벚꽃이 핀다.

② 최근 서울의 벚꽃 개화일은 3월이다.

③ 서울만 벚꽃의 개화 시기가 빨라졌다.

④ 벚꽃의 개화 시기는 기온의 영향을 받는다.

⑤ 지난 30년간 서울의 벚꽃 개화일은 4월이다.

**2** 벚꽃의 개화 시기가 빨라지는 이유를 왼쪽 글에서 찾아 쓰시오.

**3** 다음 글을 읽고 벚꽃의 개화 시기가 빨라지면 어떤 문제점이 발생할지 서술하시오.

> 봄이 오면 날씨가 따뜻해지고 새싹이 돋아난다. 새싹은 점점 자라 꽃이 피고, 꽃이 진 후에는 열매와 씨앗이 생긴다. 꽃이 열매를 맺기 위해서는 벌, 나비, 새, 바람 등의 도움을 받아 꽃가루받이를 해야 한다.

**용어풀이**

▶ 개화: 풀이나 나무의 꽃이 피는 현상

# 23 숨 쉬는 알

전남 보성 비봉리에는 수많은 공룡 알 화석이 있다. 공룡 알 화석을 통해 우리는 공룡이 알을 낳았던 것을 알 수 있다. 그런데 공룡 알 화석은 돌과 거의 똑같이 생겨서 구분하기 힘들다. 돌과 공룡 알 화석을 어떻게 구분할까? 공룡 알 화석들은 크기가 모두 비슷하고 둥그렇게 여러 개가 모여 있으며, 햇빛에 비춰보면 조그마한 구멍들이 보인다.

공룡 알, 새알, 달걀 등 대부분의 알의 모양은 한쪽이 뾰족한 타원 모양이며, 숨을 쉴 수 있는 숨구멍이 있다. 숨구멍은 알 속의 생명체에게 산소를 공급하고, 새끼가 껍질을 깨고 나오기 쉽게 만들어 준다. 달걀의 껍데기에도 아주 작은 숨구멍이 약 7천 개 정도 있다. 달걀은 이 숨구멍을 통해 숨을 쉰다. 따라서 달걀을 보관할 때에는 뭉툭한 부분이 위를 향하게 하는 것이 좋다. 뭉툭한 부분에 공기 주머니가 있어 숨구멍이 많기 때문이다.

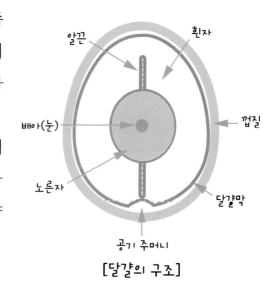

[달걀의 구조]

**1** 알에 대한 설명으로 옳지 <u>않은</u> 것은?

① 공룡은 알을 낳았다.

② 새나 닭은 알을 낳는다.

③ 대부분의 알은 타원 모양이다.

④ 껍데기에 싸여 있는 알은 숨을 쉴 수 없다.

⑤ 달걀은 공기 주머니가 있는 부분에 숨구멍이 많다.

**2** 공룡 알 화석을 찾을 때 알인지 돌인지 구분하는 방법을 왼쪽 글에서 찾아 쓰시오.

**3** 대부분의 알의 모양은 달걀처럼 길쭉한 타원형이다. 알의 모양이 공처럼 둥글지 않고 타원형이기 때문에 좋은 점은 무엇인지 추리하여 서술하시오.

달걀

공

**용어풀이**

▶ 알: 조류, 파충류, 어류, 곤충 등의 암컷이 낳는 둥근 모양의 물질로, 일정한 시간이 지나면 새끼나 애벌레로 변한다.

# 24 연명의료 중단, 결정은?

'연명'이란 한자로 '늘릴 연(延)'과 '목숨 명(命)', 즉 목숨을 이어간다는 뜻이다. 연명의료란 현대 의학으로 다시 살아날 가능성이 없는 환자를 죽지 않게 하기 위해서 하는 의료 행위로, 죽어가는 환자에게 심폐소생술과 인공 호흡기를 사용하는 것 등은 연명의료의 예이다. 우리나라에서는 환자 자신의 결정이나 가족의 동의로 연명의료를 받지 않을 수 있게 결정하는 '연명의료결정제도'가 2018년 2월 4일부터 시행되었다. 만약 환자가 연명의료를 중단하고 싶다면 환자는 연명의료를 원하지 않는다는 뜻을 분명하게 나타내야 한다. 환자가 의식이 없다면 환자의 가족 전원의 뜻에 따라 연명의료 중단을 결정할 수 있다. 여기서 가족은 환자의 배우자와 부모, 자식을 말한다.

**1**  연명의료의 의미를 위의 글에서 찾아 쓰시오.

2   다음 가계도에서 붉은색 동그라미 친 사람은 의식이 없는 환자이다. 이 환자의 연명의료 중단을 결정할 수 있는 가족을 모두 골라 ○표 하시오.

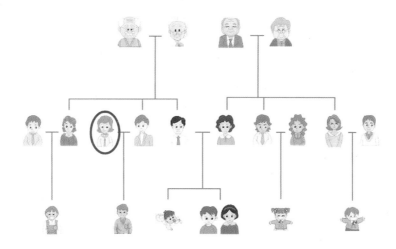

3   연명의료 중단에 대한 찬성과 반대 의견을 읽어보고, 자신의 생각을 서술하시오.

> **찬성**
>
> 저는 연명의료 중단을 찬성해요. 환자를 생각하면 마음이 아프지만 아무런 감정도 느끼지 못하는데 기계에 의해 살아가는 것은 의미가 없다고 생각해요. 또, 환자를 보살피는 시간이 길어지면 가족들이 고통스럽고, 치료비도 많이 나올 것 같아요.

> **반대**
>
> 저는 연명의료 중단을 반대해요. 가족의 동의만으로 치료를 중단할 수 있게 된다면 병을 간호하다가 지친 가족들이 쉽게 환자를 포기하고 치료를 중단할 수 있게 되지 않을까요? 연명의료를 중단하는 것은 결국 소중한 생명을 포기하는 것과 같아요.

**용어풀이**

▶ 가계도: 가족 간의 관계를 빠르게 알아보고 필요한 정보를 손쉽게 얻기 위해 그린 그림

# 주사위 모양의 수박?

여름철 대표 계절 식품 수박, 우리가 알고 있는 수박은 둥근 공 모양이다. 하지만 일본에서 주사위처럼 생긴 '사각형 수박'을 개발했다. 사각형 수박은 둥근 모양의 수박의 단점을 해결하기 위해 개발한 상품이다. '사각형이면 냉장고에 넣기 편하지 않을까?'라는 생각에서 탄생했는데, 상자에 넣기 쉽고 운반하기도 편해졌다.

사각형 수박은 어느 정도 자란 수박을 주사위 모양의 틀에 넣고, 10일간의 성형 기간을 지나면 만들어진다. 그렇다고 모두 예쁜 사각형 모양이 되는 것은 아니다. 상품으로 팔 수 있는 수박은 전체 수박의 80 % 정도이고, 가격은 한 통에 약 11만 원 정도이다.

사각형 수박은 단맛이 별로 없어 사람들이 즐겨 먹지 않지만, 캐나다, 러시아, 쿠웨이트 등 여러 나라로 비싸게 팔린다. 사각형 수박이 비싸게 팔리는 이유는 수박의 생김새가 독특할뿐더러 시원한 곳에서 보관하면 1년 이상 모양을 유지해 긴 시간 동안 전시가 가능하기 때문이다. 사각형 수박이 인기를 끌자 하트 모양, 삼각형 모양 등 다양한 모양의 수박을 개발하는 농가도 생겨나고 있다.

**1** 우리나라에서 수박이 많이 나는 계절은?

① 봄

② 여름

③ 가을

④ 겨울

⑤ 사계절 내내 수박이 많이 난다.

**2** 사각형 수박의 좋은 점과 나쁜 점은 무엇인지 각각 쓰시오.

**3** 다음 〈보기〉 중 수박이 많이 나는 계절의 계절 식품을 모두 고르고, 계절 식품의 좋은 점을 서술하시오.

> **보기**
>
> 감, 귤, 쑥, 배, 사과, 오이, 참외, 시금치

---

**용어풀이**

▶ 계절 식품: 계절에 따라 많이 나오는 식품

# 26 겨울철 빙판길 조심!

강추위로 길이 꽁꽁 얼었을 때 미끄러운 빙판길에서 넘어지면 뼈나 근육에 부상이 생기기 쉽다.

빙판길에서 뛰지 않고 조심히 걸어야 한다. 또, 겨울철에는 장갑과 목도리를 하는 것도 빙판길에서 조심하는 방법 중 하나이다. 날씨가 추워지면 양손을 주머니에 넣고 몸을 움츠리고 걷는데, 이렇게 걸으면 몸이 앞으로 쏠려 넘어지기 쉽다. 특히 미끄러운 빙판길이라면 더욱 잘 넘어질 것이다. 따라서 겨울철 외출 시에는 두꺼운 옷을 입고, 장갑과 목도리를 꼭 하는 것이 좋다. 장갑을 끼면 손을 주머니에 넣지 않게 되므로 걷는 데 안정감이 생겨 넘어질 가능성이 낮아진다. 또한, 목도리를 하면 목과 어깨가 움츠러들지 않아 바른 자세로 걷는 데 도움을 준다.

빙판길에서 걸을 때는 한 걸음의 길이를 평소보다 10~20 % 줄여 조심히 걷는 것이 안전하며, 바닥이 울퉁불퉁하여 쉽게 미끄러지지 않는 신발을 신는 것이 좋다.

1 왼쪽 글에서 나온 계절과 관련 있는 것을 <u>모두</u> 고르면?

①    ②    ③

④    ⑤

2 빙판길을 걸을 때 주의해야 할 점 2가지를 왼쪽 글에서 찾아 쓰시오.

3 겨울하면 떠오르는 것을 다양하게 10가지 쓰시오.

# 27 동해에서 발견된 심해 해양생물

국립해양생물자원관은 국립수산과학원 독도수산연구센터와 함께 조사하여 동해의 깊은 바다에 서식하는 해양생물 41종과 신규 해양생물 6종을 새롭게 찾았다고 밝혔다. 신규 해양생물이란 새롭게 태어난 생물은 아니고, 이전에 우리나라에서 실물 표본을 가지고 있지 않은 생물을 말한다.

우리나라 동해는 평균 수심이 약 1,700 m로 서해나 남해보다 깊어 심해 해양생물 자원을 연구하기에 매우 좋다. 이번 공동 조사에서는 300~1,000 m 동해 인근 심해 해역에서 그물을 이용해 해양 바닥을 긁어 심해에서 서식하던 해양생물을 잡아서 확인했다.

심해는 빛이 도달하지 않는 어둡고 차가운 깊은 곳으로 극한 환경에 적응한 해양생물이 존재하는 특별한 환경이다. 잠수정이 개발되기 전까지는 관찰할 수 없었기 때문에 국제적으로 심해 생태계 관련 연구와 심해 자원 확보에 대한 경쟁이 심해지고 있다.

이번 조사를 통해 우리나라 심해에 존재하는 해양생물의 다양성을 확인하고 새로운 자원을 발견함으로써, 미지의 영역인 심해를 향한 첫걸음을 걸은 것에 큰 의의가 있다.

1  왼쪽 글을 읽고 알 수 있는 사실로 옳지 <u>않은</u> 것은?

① 심해에는 해양생물이 살지 않는다.

② 잠수정으로 심해를 관찰할 수 있다.

③ 심해는 어둡고 차가운 깊은 바다이다.

④ 동해, 서해, 남해 중에서 동해가 가장 깊다.

⑤ 해양 바닥을 그물로 긁는 방법으로 해양생물을 잡을 수 있다.

2  심해 해양생물을 조사하는 이유를 왼쪽 글에서 찾아 쓰시오.

3  생물 다양성을 보존해야 하는 이유를 서술하시오.

**용어풀이**

▶ 심해: 햇빛이 거의 닿지 않는 깊은 바다
▶ 서식: 생물이 일정한 곳에 자리를 잡고 사는 것을 말한다.
▶ 생물 다양성: 생명체들이 각각의 수준에서 나타내는 다양함과 종류의 많고 적음을 나타낸다.

# 28 대왕오징어의 비밀

오징어는 단단한 뼈가 없고 몸이 부드러운 연체동물로, 전 세계적으로 약 490종이 있다. 오징어 중 가장 작은 꼬마오징어는 다 자라도 몸의 길이가 2 cm 정도이고, 가장 큰 대왕오징어는 몸의 길이가 20 m 정도로 큰 것도 있다.

대왕오징어는 지구에 살고 있는 무척추동물 중 가장 크다. 몸통만 큰 것이 아니라 눈의 크기도 30~40 cm 정도로 모든 동물 중에서 가장 크다. 대왕오징어는 바다 괴물로 불릴 만큼 거대하지만, 매우 깊은 바다에서 살고 있어서 살아 있는 모습을 거의 볼 수 없다. 대왕오징어가 죽은 후, 바다에 떠밀려오거나 그물에 걸려 있는 것으로 볼 수 있다.

세계 각국의 과학자들은 대왕오징어의 살아 있는 모습을 관찰하기 위해 많은 탐사를 했다. 그 결과 일본 과학자들이 바닷속 900 m의 깊이에 카메라를 넣어서 살아 있는 대왕오징어를 촬영하는 데 성공했다. 또한, 호주, 일본, 프랑스, 아일랜드 등지에서 발견된 대왕오징어를 연구한 결과 이들의 유전자는 매우 비슷한 것으로 밝혀졌다. 이 연구를 통해 전 세계 곳곳에서 발견된 대왕오징어는 모두 같은 종이라는 결론을 얻게 되었다.

1 　오징어에 대한 설명으로 옳지 <u>않은</u> 것은?

　① 　대왕오징어는 가장 큰 무척추동물이다.

　② 　오징어는 전 세계적으로 490여 종이 있다.

　③ 　대왕오징어는 눈의 크기가 모든 동물 중에서 가장 크다.

　④ 　세계 곳곳에서 발견되는 대왕오징어는 서로 다른 종이다.

　⑤ 　가장 작은 오징어는 다 자라도 몸의 길이가 2 cm 정도이다.

2 　동물은 등뼈가 있는 동물과 등뼈가 없는 동물로 분류할 수 있다. 오징어처럼 등뼈가 없는 동물을 무엇이라고 하는지 왼쪽 글에서 찾아 쓰시오.

3 　다음 〈보기〉의 동물들 중에서 오징어와 가장 비슷한 동물을 고르고, 그렇게 생각한 이유를 쓰시오.

> **보기**
>
> 개, 거미, 고래, 상어, 지렁이, 호랑이

**용어풀이**

▶ 연체동물: 뼈가 없어 몸이 부드러운 동물로 오징어, 문어, 소라, 달팽이 등이 속한다.

# 반려견 비만 관리

**Q. 저희 집 반려견은 사료를 주면 잘 안 먹습니다. 그런데 고기랑 사료를 같이 주면 잘 먹습니다. 혹시 반려견이 비만이 되지는 않을까요?**

A. 반려견의 건강에 가장 좋은 음식은 '전용 사료'입니다. 반려견이 비만이 되는 것을 예방하기 위해 적절한 양의 사료를 주고, 규칙적으로 운동을 시켜주는 것은 아주 중요합니다. 또한, 반려견이 사람이 먹는 음식을 달라고 하는 나쁜 습관을 지니고 있다면 반드시 행동 교정을 해야 합니다.

반려견이란 가족처럼 키우는 개를 말한다. 일반적으로 개의 체형은 5단계로 분류할 수 있는데, 체지방이 적정 체중의 10~15 %를 넘으면 비만으로 본다. 비만이 된 반려견은 움직이는 데 힘이 들어 피로를 빨리 느끼고 활동량도 줄어든다. 또, 수술로 마취가 필요한 경우 위험성이 증가하고, 무거운 체중을 지탱하므로 관절에 좋지 않다. 반려견의 비만은 심장병, 암, 당뇨병 등 다른 질병을 발생시킬 가능성을 높이며, 암컷의 경우에는 임신을 못할 수도 있다.

**1** 반려견에 대한 설명으로 옳지 <u>않은</u> 것은?

① 가족처럼 키우는 개를 말한다.

② 반려견 전용 사료가 반려견의 건강에 가장 좋다.

③ 요즘에는 반려견을 가족이나 친구로 생각하는 사람이 많다.

④ 반려견은 사람이 먹고 남은 음식물을 먹이로 주는 것이 좋다.

⑤ 반려견을 건강하게 기르기 위해서는 적절한 운동을 시켜주는 것이 좋다.

**2** 개의 경우 체지방이 적정 체중의 어느 정도를 넘으면 비만이라고 하는지 왼쪽 글에서 찾아 쓰시오.

**3** 우리 집에서 반려동물을 기르고 있다면 또는 앞으로 반려동물을 기르게 된다면 그 동물을 어떻게 대할지 자신의 다짐을 세 가지 쓰시오.

**용어풀이**

▶ 비만: 체지방이 너무 많아 살이 쪄서 몸이 뚱뚱한 상태로, 여러 가지 질병의 원인이 된다.

# 미생물의 두 얼굴

정답 및 해설 16쪽

현미경으로 관찰한 헬리코박터 파일로리

현미경으로 관찰한 대장균

헬리코박터 파일로리는 위 속에서 살고 있는 미생물이다. 이것은 위궤양, 위염, 속쓰림과 암을 유발하는 원인이 된다. 헬리코박터 파일로리에 전 세계적으로 인구의 절반 이상이 감염되어 있다고 예상하며, 우리나라는 4명 중 3명이 감염되어 있다고 한다. 하지만 헬리코박터 파일로리에 감염되어도 특별한 증상이 없는 경우가 많아 반드시 치료할 필요는 없다고 한다. 오히려 헬리코박터 파일로리를 없애는 치료 과정에서 식도염이 생기기도 한다. 또한, 헬리코박터 파일로리가 설사를 하게 하는 다른 미생물에도 영향을 주어 설사를 줄여 준다는 연구 결과도 있다.

우리 몸속 대장에 살고 있는 여러 가지 미생물을 대장균이라고 한다. 대장균은 장내 미생물의 균형을 유지하고 몸에 좋은 물질을 만들며, 면역력을 키워주는 역할을 한다. 그러나 대장균에 오염된 물이나 음식을 먹게 되면 식중독이나 감염병에 걸리기도 한다.

과연 헬리코박터 파일로리나 대장균과 같은 미생물들은 우리 몸에 질병을 일으키는 나쁜 균일까? 아니면 우리 몸에 도움을 주는 좋은 균일까?

**1** 미생물에 대한 설명으로 옳지 <u>않은</u> 것은?

① 대장균은 대장에서 식중독을 일으킨다.

② 헬리코박터 파일로리는 위 속에서 산다.

③ 대장에는 여러 가지 미생물이 살고 있다.

④ 대장균은 대장에서 몸에 좋은 물질을 만든다.

⑤ 헬리코박터 파일로리는 위궤양의 원인이 된다.

**2** 미생물들은 크기가 매우 작아 맨눈으로 관찰하기가 어렵다. 이러한 미생물을 관찰할 수 있는 방법을 쓰시오.

**3** 우리 주변에서 미생물을 이용하고 있는 경우를 쓰시오.

**용어풀이**

▶ 미생물: 크기가 0.1 mm보다 매우 작아서 눈으로는 볼 수 없는 아주 작은 생물
▶ 감염: 병의 원인이 되는 미생물이 동물이나 식물의 몸 안에 들어가 증식하는 것

안쌤의
# STEAM
## + 창의사고력
### 과학 100제

# IV

# 지구

**31** 몹시 부는 바람, 태풍

**32** 달 탐사의 역사

**33** 흔들리는 땅, 지진

**34** 겨울이 사라진다?

**35** 석회동굴의 비밀

**36** 풍선으로 우주여행?

**37** 목성 로봇 탐사선, 주노

**38** 지구 자전 방향의 비밀

**39** 지구와 비슷한 행성, 슈퍼지구

**40** 인공위성과 우주 쓰레기

# 몹시 부는 바람, 태풍

태풍은 북태평양 서쪽 바다에서 생긴다. 태풍은 바닷물의 온도의 영향을 받는데, 바닷물의 온도가 27 ℃보다 높은 곳에서 주로 생긴다.

바닷물의 온도가 점점 높아지면 바다 수면 위의 공기도 점점 데워진다. 데워진 공기는 주변의 공기를 빨아들이면서 빠르게 하늘로 올라가고 아랫부분에는 빈자리가 생긴다. 이 빈자리로 주변에 있던 공기가 들어오고, 들어온 공기도 데워져 하늘로 올라가는 과정을 반복하면 거대한 태풍이 만들어진다. 최근에는 지구 온난화의 영향으로 바닷물의 온도가 높아져 태풍의 세력도 점점 커지고 있다.

따뜻한 바다에서 만들어진 태풍은 점점 북쪽으로 이동한다. 바다 수면 위를 이동하던 태풍이 육지와 만나면 바람이 세지고 큰 비가 내려 주변 여러 나라에 피해를 준다. 우리나라에는 주로 여름과 초가을에 태풍이 온다.

그러나 태풍이 항상 피해만 주는 것은 아니다. 태풍은 더운 열대 지방의 공기를 추운 북쪽 지방으로 옮겨 공기의 온도를 적절하게 유지시켜 주는 역할을 한다. 만약 태풍이 없다면 지구의 남쪽과 북쪽의 온도 차이가 심해져 이상 기온이 생길 수 있다.

**1** 태풍에 대한 설명으로 옳지 <u>않은</u> 것은?

① 북태평양 서쪽 바다에서 생긴다.

② 남쪽에서 생긴 태풍은 북쪽으로 움직인다.

③ 바닷물의 온도가 낮아지면 태풍의 위력이 커진다.

④ 바닷물의 온도가 27 ℃보다 높은 곳에서 주로 발생한다.

⑤ 뜨거운 공기가 하늘로 올라가는 과정을 반복하면 태풍이 생긴다.

**2** 태풍이 생길 때 영향을 주는 요인을 왼쪽 글에서 찾아 쓰시오.

**3** 기상청에서 발표한 일기 예보에서 며칠 뒤 강력한 태풍이 우리나라를 강타할 것이라고 예상했다. 태풍의 피해를 줄이기 위한 방법을 서술하시오.

**용어풀이**

▶ 태풍: 폭우를 동반한 열대성 저기압
▶ 북태평양: 태평양의 북반부, 태평양은 세계 바다 면적의 반을 차지하는 넓은 바다이다.

# 32 달 탐사의 역사

1609년 갈릴레이는 최초로 망원경을 이용해 달을 관측했다. 탐사선을 이용한 본격적인 달 탐사는 미국과 구 소련(러시아)의 우주 경쟁에 의해 시작되었다.

1959년 구 소련의 루나 2호는 달에 착륙은 못 했지만 최초로 달 표면에 충돌했다. 이후 1966년 루나 9호 탐사선이 최초로 달 표면에 착륙했고, 지구로 사진을 전송했다.

미국은 1961년에 달에 사람을 보내는 계획인 아폴로 계획을 발표했고, 이후 1969년 7월 20일에 아폴로 11호가 달에 착륙하여 우주 비행사 닐 암스트롱이 최초로 달에 발자국을 남겼다.

중국은 2003년에 달 궤도 비행, 착륙, 귀환의 3단계로 이루어진 창어 계획을 발표했다. 이후 2013년에 아시아 최초의 달 착륙선 창어 3호가 달 표면에 착륙했고, 2017년에 발사된 창어 5호는 달의 흙과 암석을 채취하여 지구로 돌아왔다.

우리나라도 2022년에 달 궤도 탐사선인 다누리를 발사했고, 2030년에는 달 착륙선을 발사할 계획이다.

**1** 달 탐사에 대한 설명으로 옳지 <u>않은</u> 것은?

① 달을 조사하는 것을 달 탐사라고 한다.

② 아시아 최초의 달 착륙선은 중국의 창어 3호이다.

③ 아폴로 계획은 달에 사람을 보내기 위한 미국의 계획이다.

④ 2000년대 이후 달 탐사선이나 달 착륙선 등이 발사되었다.

⑤ 최초로 달 표면에 착륙한 탐사선을 보낸 나라는 구 소련(러시아)이다.

**2** 우리나라 최초의 달 궤도 탐사선의 이름을 왼쪽 글에서 찾아 쓰시오.

**3** 옛날 사람들은 달의 무늬를 보고 토끼가 방아를 찧는다고 생각했다. 달의 무늬를 보고 상상되는 모습을 그림으로 그리시오.

**용어풀이**

▶ 달: 햇빛을 반사하여 밤에 밝은 빛을 내는 지구의 위성
▶ 관측: 눈이나 기계로 자연 현상을 관찰하여 측정하는 일

# 33 흔들리는 땅, 지진

2023년 2월 튀르키예에서 발생한 규모 7.7의 지진으로 5만 2800여 명의 사망자가 발생했으며 튀르키예와 시리아 지역에 큰 피해를 입혔다. 규모는 지진의 세기를 나타내는 단위로, 규모가 7.5 이상이면 대규모 지진이라고 한다. 튀르키예 지진은 아라비아판과 아나톨리아판이 충돌해서 발생했다. 이처럼 대규모 지진이 발생하는 곳은 대부분 충돌이 일어나는 판의 경계에 위치한다.

우리나라는 충돌이 일어나는 판의 경계와 멀리 떨어져 있어서 지진에 의한 직접적인 피해가 거의 발생하지 않을 것이라고 생각한다. 하지만 우리나라가 위치한 한반도는 과거 2000년 동안 일상생활에 큰 피해를 입히는 규모 5~10의 지진이 40회 정도 발생했다. 지진을 일으킬 수 있는 판의 움직임을 조사했을 때 한반도에서도 규모 5 이상의 지진이 발생할 가능성이 있다. 또한, 규모 5 이하의 작거나 중간 규모의 지진이 발생해도 많은 피해를 입을 수 있으므로 항상 주의해야 한다.

**1** 지진에 대한 설명으로 옳지 <u>않은</u> 것을 <u>모두</u> 고르면?

① 대규모 지진이 일어나면 큰 피해를 입을 수 있다.

② 판의 경계에서 판이 충돌하면서 발생하는 지진은 규모가 크다.

③ 판의 경계에서 멀리 떨어져 있는 한반도는 큰 지진이 발생하지 않는다.

④ 한반도는 과거 2000년 동안 규모 5~10의 지진이 40회 정도 발생했다.

⑤ 규모가 작거나 중간 정도의 지진은 피해가 크지 않아 신경쓰지 않아도 된다.

**2** 지진의 세기를 표현하는 단위를 무엇이라고 하는지 왼쪽 글에서 찾아 쓰시오.

**3** 지진이 발생할 수 있는 경우를 두 가지 서술하시오.

**용어풀이**

▶ 판: 지구의 겉 부분을 둘러싸는 거대한 암석 판
▶ 판의 경계: 지구 표면의 판들이 서로 만나는 곳
▶ 한반도: 우리나라 국토를 지형적으로 일컫는 말로, 남한과 북한을 달리 이르는 말이다.

# 34 겨울이 사라진다?

지구의 온도가 조금씩 높아지면서 한반도의 기후도 달라지고 있다. 지구 온난화가 계속 진행되면 2100년에는 이산화 탄소의 농도가 2000년의 2배가 될 것이다. 이로 인해 한반도 기온은 약 4 ℃ 정도 높아지고 강수량은 17 % 정도 증가해 남부 지방뿐만 아니라 한반도 전체가 아열대 기후로 바뀌게 될 것이다.

아열대 기후는 연간 8~10개월 이상 평균 기온이 10 ℃가 넘는 따뜻한 기후로, 아열대 기후가 되면 겨울에도 찬 바람이 불지 않고, 눈이 내리지 않을 것이다. 날씨가 따뜻해지면 과일이나 채소, 농작물 등의 재배 지역도 달라진다. 중부 지방에서 재배하던 사과를 북쪽인 강원도에서 재배하거나 남쪽 지방에서는 망고 같은 아열대 과일을 재배하게 될 것이다. 또한, 지금 우리에게 익숙한 곤충이나 새들 대신 아열대 기후에서 사는 생물이 서식하게 될 것이다.

**1** 아열대 기후로 변한 한반도의 모습으로 옳은 것은?

① 우리나라에서 아열대 과일을 재배하게 될 것이다.

② 겨울에 난방 에너지를 지금보다 더 많이 사용한다.

③ 스키나 보드를 지금보다 더 쉽게 탈 수 있을 것이다.

④ 겨울에 눈이 많이 내릴 수 있어서 이에 대비해야 한다.

⑤ 우리나라 고유 생물종은 남쪽으로 서식지가 이동할 것이다.

**2** 지구의 평균 기온이 점점 높아지는 것을 무엇이라고 하는지 왼쪽 글에서 찾아 쓰시오.

**3** 지구의 온도가 높아지는 속도를 줄이기 위해서는 어떤 일을 해야 하는지 서술하시오.

**용어풀이**

▶ 기후: 일정한 지역에서 여러 해에 걸쳐 나타난 기온, 비, 눈, 바람 등의 평균 상태

▶ 서식: 생물 등이 일정한 곳에 자리잡고 살아가는 것

# 35 석회동굴의 비밀

동굴은 자연적으로 땅속에 만들어진 깊고 넓은 빈 공간으로, 우리나라의 강원도, 충청북도, 경상도 지역에는 특히 석회동굴이 많다.

물이 석회암을 녹여 다양한 모양의 석회동굴이 만들어진다. 그러나 순수한 물만으로는 석회암을 녹일 수 없고, 석회암은 이산화 탄소가 녹아 있는 물과 반응하면 녹아내린다. 빗물에는 이산화 탄소가 녹아있는데, 빗물이 지하수가 되어 석회암을 녹인다. 이때 땅속에 지하수로 채워진 공간이 생기는데, 지각 변동으로 인해 물이 빠지고 빈 곳에 물이 흐르면 크기가 점점 커져 석회동굴이 된다.

석회동굴 천장에 물이 맺히는 곳에는 고드름과 같은 가늘고 긴 대롱 모양의 종유관이 생기고, 종유관이 점점 커지면 종유석이 된다. 종유석에서 떨어지는 물방울로 인해 바닥에서는 석순이 위로 자라고, 천장에서 내려오는 종유석과 바닥에서 올라오는 석순이 만나면 기둥모양의 석주가 만들어진다. 이와 같은 과정은 매우 오랜 시간에 걸쳐 이루어진다.

**1** 석회동굴에 대한 설명으로 옳지 <u>않은</u> 것은?

① 종유관이 점점 커지면 종유석이 된다.

② 석회암이 순수한 물에 녹으면 석회동굴이 생긴다.

③ 종유석과 석순이 만나면 기둥 모양의 석주가 된다.

④ 우리나라에는 강원도, 충청북도, 경상도에 석회동굴이 많다.

⑤ 동굴 천장에 물방울이 맺히는 곳에는 대롱 모양의 종유관이 생긴다.

**2** 석회암을 녹이는 것을 왼쪽 글에서 찾아 쓰시오.

**3** 석회동굴을 보호하기 위해 팻말을 세우려고 한다. 팻말에 쓸 수 있는 짧은 글을 지으시오.

수많은 관광객이 동굴을 방문하여 동굴 안을 손으로 만지고, 동굴에 쓰레기를 버려 문제가 되고 있다. 동굴 안을 손으로 만지면 색이 검게 변하고, 버려진 쓰레기는 동굴 생물에게 나쁜 영향을 줄 수 있다.

**용어풀이**

▶ 석회동굴: 석회암 지대에서 빗물이나 지하수에 의해 석회암이 녹아 만들어진 동굴

# 36 풍선으로 우주여행?

지구 밖으로 나가거나 오랜 시간 무중력 상태로 있는 것을 원하지 않는 사람들을 위한 특별한 우주여행 상품이 개발되고 있다. 바로 헬륨 기체를 채운 거대한 풍선을 타고 하늘 높이 올라가는 것이다. 풍선 우주여행은 대기권 중 구름이 없는 성층권(고도 10~50 km)까지만 올라가기 때문에 지구와 우주의 경계로 보는 고도 100 km에는 못 미처 진짜 우주여행이라고 하긴 어렵다. 하지만 지구 상공에서 우주 공간과 비슷한 체험을 할 수 있다. 또한, 지구 안에서 진행되는 여행이라 우주와 같은 강도의 무중력 상태를 경험하지 않기 때문에 우주비행사 훈련을 받지 않아도 되고, 우주 발사체를 타고 진짜 우주로 가는 우주여행에 비해 가격이 저렴하다는 장점이 있다.

풍선 우주여행을 경험하는 승객들은 높은 곳에서 지구의 둥근 곡선과 푸른 대기권을 감상할 수 있다. 이미 미국, 스페인, 일본 등 여러 나라에서 풍선 우주여행 시험 비행에 성공했다. 앞으로 기술이 발전하여 수소 연료를 안전하게 사용할 수 있게 되면 헬륨 풍선 대신 수소 풍선을 이용한 우주여행 상품도 개발될 것이다.

**1** 풍선 우주여행에 대한 설명으로 옳은 것은?

① 수소 연료를 이용한다.

② 헬륨 기체를 이용한다.

③ 고도 100 km까지 올라간다.

④ 우주비행사 훈련을 받아야 한다.

⑤ 우주와 같은 강도의 무중력 상태를 경험한다.

**2** 다음 설명에서 빈칸에 들어갈 알맞은 말을 왼쪽 글에서 찾아 쓰시오.

> **설명**
>
> (          )은 고도 10~50 km의 높이로 구름이 없고, 대기가 안정하기 때문에
> 비행기의 항로로 이용된다.

**3** 우주여행 기획자가 되어 내가 만들고 싶은 우주여행 상품의 이름과 체험할 수 있는 프로그램을 상상하여 서술하시오.

**용어풀이**

▶ 중력: 지구가 물체를 잡아당기는 힘
▶ 무중력: 물체의 중력이 작용하지 않는 것처럼 보이는 현상
▶ 대기권: 대기로 둘러싸여 있는 공간

# 목성 로봇 탐사선, 주노

태양계에는 수성, 금성, 지구, 화성, 목성, 토성, 천왕성, 해왕성 8개의 행성이 있다. 미국 항공우주국(NASA)에서는 2011년 8월 5일 태양계에서 가장 큰 행성인 목성에 로봇 탐사선 주노를 발사했다. 주노는 목성 주위를 돌면서 목성의 대기에 물이 있는지, 자기장과 중력장의 세기가 얼마인지, 목성의 구성 성분이 무엇인지, 목성의 남극과 북극에서 발생하는 오로라는 얼마나 강력한지 등을 관측하여 알아냈다. 뿐만 아니라 주노는 목성 궤도에서 목성의 위성을 탐사하는 역할도 한다.

**1**  로봇 탐사선 주노에 대한 설명으로 옳지 <u>않은</u> 것은?

① 목성의 강력한 오로라에 대해 조사한다.

② 목성 대기에 물이 얼마나 있는지 조사한다.

③ 목성의 자기장과 중력장의 세기를 밝혀낸다.

④ 목성이 어떻게 이루어져 있는지 성분을 조사한다.

⑤ 목성에 착륙하여 직접 구멍을 뚫어 내부를 조사한다.

**2**  태양계에 있는 8개의 행성의 이름을 위 글에서 찾아 쓰시오.

**3** 목성 탐사선 주노 안에는 레고 인형인 주피터, 주노, 갈릴레이가 타고 있다고 한다. 각각의 인형은 다음과 같은 의미가 있다.

> ### 설명
>
> - 주피터(제우스): 올림포스 최고의 신 주피터의 이름을 써서 목성이 태양계에서 가장 중요한 행성이라는 뜻으로 붙인 이름
> - 주노(헤라): 로마 신화의 여신인 주노가 남편 주피터를 찾을 때 진실을 보는 유리를 사용했는데, 이를 빗대어 로봇 탐사선이 목성을 자세히 알아낼 것으로 생각해서 붙인 이름
> - 갈릴레이: 갈릴레이가 망원경으로 목성과 목성의 위성을 처음 발견했으므로 목성에서 또 새로운 걸 발견하고자 붙인 이름

태양계의 행성을 탐사하기 위해 탐사선을 보낸다면 탐사하고 싶은 행성 하나를 고르시오. 또, 그 행성으로 보낼 인형 두 개의 이름을 붙이고, 이름을 붙인 이유를 서술하시오.

---

### 용어풀이

▶ 목성: 태양계 내에 있는 행성 중 가장 큰 행성

---

# 38 지구 자전 방향의 비밀

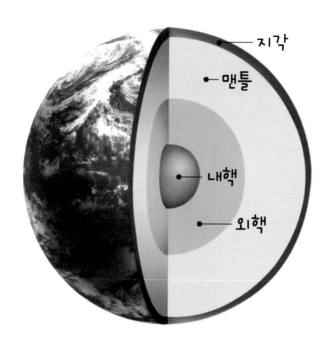

태양은 하루에 한 번씩 동쪽에서 떠서 서쪽으로 진다. 그 이유는 지구가 하루에 한 바퀴씩 서쪽에서 동쪽으로 도는 자전을 하기 때문에 태양이 움직이는 것처럼 보이는 것이다.

지구가 자전을 하는 이유는 무엇일까?

지구의 내부는 내핵, 외핵, 맨틀, 지각 4개의 층으로 이루어져 있다. 이중 지구 자전 방향과 관련된 것은 내핵과 외핵이다. 내핵은 지구 중심부에 있으며 단단한 고체 상태이고, 외핵은 내핵을 둘러싸고 있으며 액체 상태로 되어 있다고 추측한다. 단단한 내핵은 동쪽에서 서쪽으로 움직이고, 이에 대한 반작용으로 외핵은 서쪽에서 동쪽으로 움직인다. 이때 지구 전체는 서쪽에서 동쪽으로 자전하는 것으로 나타났다. 외핵이 고정된 고체가 아닌 액체이기 때문에 내핵이 움직이는 만큼 외핵도 밀려나는 것이다. 이것은 노를 저을 때 배를 앞으로 나아가게 하기 위해서 물을 뒤로 밀어야 하는 것과 같은 원리이다.

**1** 왼쪽 글을 읽고 알 수 있는 사실로 옳지 <u>않은</u> 것은?

① 내핵은 지구 중심부에 있다.

② 외핵은 서쪽에서 동쪽으로 움직인다.

③ 지구 자전 방향과 내핵이 움직이는 방향은 같다.

④ 지구는 서쪽에서 동쪽으로 하루에 한 바퀴씩 자전한다.

⑤ 지구 내부 구조는 내핵, 외핵, 맨틀, 지각으로 구분된다.

**2** 다음 설명에서 빈칸에 들어갈 알맞은 말을 왼쪽 글에서 찾아 쓰시오.

> **설명**
>
> 하루 동안 태양이 동쪽에서 떠서 서쪽으로 지는 것처럼 보이는 것과 낮과 밤이 반복되는 것은 지구가 (            )하기 때문이다.

**3** 배가 앞으로 나아가게 하기 위해 노를 저을 때는 물을 뒤로 밀어야 한다. 지구가 자전하는 원리는 노를 젓는 원리와 같다. 우리 주변에서 이와 같은 원리가 나타나는 현상을 한 가지 쓰시오.

**용어풀이**

▶ 자전: 천체가 고정된 축을 중심으로 스스로 도는 것
▶ 반작용: A가 B에게 힘을 주면 B도 A에게 같은 크기의 힘을 반대 방향으로 주는 것

# 39 지구와 비슷한 행성, 슈퍼지구

2009년에 발사된 케플러 우주망원경이 맡은 일은 태양계 밖에 존재하는 외계행성을 찾는 것이다. 케플러는 9년 동안 2,600여 개의 외계행성을 발견하는 성과를 거두었고, 2018년 저장된 모든 연료를 다 쓰고 임무를 마쳤다.

현재까지 발견된 외계행성의 70 %는 케플러가 찾은 것이다. 케플러가 발견한 외계행성 중에는 지구와 비슷한 환경으로 생명체가 살고 있을 가능성이 있는 행성인 슈퍼지구도 있다. 케플러가 발견한 슈퍼지구인 '케플러-22b'는 지구로부터 약 600광년 떨어져 있으며 생명체가 살기에 적합한 골디락스 영역이 있다. 천문학에서 말하는 골디락스란 물이 있고 기온이 높지도 낮지도 않으며 빛을 꾸준히 받을 수 있는 지역이다. 케플러가 발견한 또 다른 슈퍼지구인 '케플러-186f'는 지구로부터 약 500광년 떨어져 있으며 지구보다 훨씬 작고 붉다. 이 행성은 지금까지 발견된 외계행성 중에서 지구와 가장 비슷한 것으로 알려졌다. 미국 항공우주국은 만약 식물 생명체가 '케플러-186f'에 살고 있다면 지구에서 자라는 식물이 녹색인 것과 다르게 행성의 붉은색 빛의 영향을 받아 붉은색을 띨 수 있다고 설명했다.

**1** 케플러 우주망원경과 슈퍼지구에 대한 설명으로 옳지 <u>않은</u> 것은?

① 케플러 우주망원경은 현재 임무가 끝났다.

② '케플러-186f' 행성에는 녹색 식물이 살고 있다.

③ '케플러-186f' 행성은 약 500광년 멀리 떨어져 있다.

④ 케플러 우주망원경은 태양계 밖에 존재하는 외계행성을 찾았다.

⑤ '케플러-22b' 행성에는 생명체가 살기 적합한 온도의 영역이 있다.

**2** 지구와 비슷한 환경으로 생명체가 살고 있을 가능성이 있는 행성을 무엇이라고 하는지 왼쪽 글에서 찾아 쓰시오.

**3** 과학자들은 지구의 남극 빙하의 깊은 곳이나 화산에 의해 뜨거운 증기가 나오는 바다 깊은 곳을 탐구하여 외계 생명체가 존재하는지 연구한다. 이렇게 생물이 살기 어려울 것 같은 곳의 환경을 탐사하여 그곳에 사는 생물을 조사하는 것은 외계 생명체의 존재 가능성과 관련이 있다. 그 이유를 서술하시오.

**용어풀이**

▶ 외계행성: 태양계 밖에 있는 별(항성) 주위를 도는 행성
▶ 광년: 빛이 진공 속에서 1년 동안 움직인 거리

# 40 인공위성과 우주 쓰레기

세계 여러 나라가 쏘아 올렸던 인공위성은 그 수가 너무 많아지면서 인공위성 사이의 거리가 좁아지고, 서로 충돌할 가능성이 높아졌다. 만약 인공위성이 서로 충돌한다면 인공위성은 부서지고, 부서진 조각은 우주 쓰레기가 되어 다른 인공위성을 손상시킬 수 있다. 또한, 수명을 다한 인공위성이나 부품도 우주 쓰레기가 되어 다른 인공위성과 충돌할 가능성이 있다.

지난 2005년에는 수명을 다한 인공위성의 조각이 알래스카 인근에 추락했다. 그 당시 추락을 예상하는 범위에 한반도가 포함되면서 한때 '경계 경보'가 발령됐고, 추락 예정 시간대에는 항공기의 이륙이 중단되기도 했다. 이처럼 인공위성이나 우주 탐사선 등의 발사가 많아지면서 우주 쓰레기가 지상으로 떨어질 가능성도 커지고 있다.

영국의 연구진은 우주 쓰레기를 청소하기 위한 위성 '큐브세일(CubeSail)'을 개발했다. 큐브세일은 우주 쓰레기에 달라붙은 후 배가 돛을 펴듯 날개를 활짝 펼쳐 지구로 떨어지는데, 지구 대기로 떨어지는 과정에서 큐브세일과 우주 쓰레기가 불타 없어진다.

**1** 우주 쓰레기가 생기는 원인으로 옳지 <u>않은</u> 것은?

① 인공위성끼리 부딪쳐 생기는 파편

② 우주정거장을 수리하다가 놓친 공구

③ 수명이 다해 작동하지 않는 인공위성

④ 인공위성을 발사할 때 사용된 로켓이나 연료통

⑤ 지구에서 인공위성과 수신하기 위해 쏘아 올린 전파

**2** 인공위성끼리 충돌했을 때 생길 수 있는 문제점을 왼쪽 글에서 찾아 쓰시오.

**3** 큐브세일이 우주 쓰레기를 처리하는 것처럼 우주 쓰레기를 없앨 수 있는 방법을 상상하여 서술하시오.

**용어풀이**

▶ 우주 쓰레기: 지구 주위를 돌지만 이용할 수 없는 인공 물체

안쌤의
# STEAM
# + 창의사고력
## 과학 100제

# V

# 융합

**41** 황사의 두 얼굴

**42** 피부를 보호하는 자외선 차단제

**43** 도토리, 줍지 말고 양보하자!

**44** 울퉁불퉁한 달의 얼굴

**45** 계속 감소하는 쌀 소비량

**46** 겨울철 건강 관리

**47** 공포의 블랙아웃

**48** 겨울철 캠핑, 안전하게!

**49** 겨울철 과일의 제왕이 된 딸기

**50** 새로운 국가가 된 쓰레기 섬

# 황사의 두 얼굴

해마다 봄철이 되면 황사 때문에 숨을 못 쉴 지경이다. 황사는 바람에 날려 올라간 모래 먼지가 대기 중에 퍼져서 하늘을 덮었다가 서서히 떨어지는 현상이다. 황사는 봄철인 4월에 발생하며, 중국 북서부 지역이나 황허 강 지역에서 시작되어 편서풍을 타고 황해를 거쳐 우리나라에 영향을 미친다.

황사가 더 심하게, 자주 발생하는 이유는 황사의 발원지인 사막이 점점 넓어지고 있기 때문이다. 이에 중국을 비롯한 주변 국가에서는 사막에 나무를 심는 등 여러 가지 노력을 하고 있다. 황사는 호흡기와 눈에 나쁜 영향을 주고, 식물이 숨 쉬는 것을 막아 잘 자라지 못하게 한다.

그러나 황사가 나쁜 것만은 아니다. 황사에 포함되어 있는 석회나 마그네슘, 칼륨과 같은 알칼리성 물질은 흙이 산성화되는 것을 막아주고 산성비를 중화시켜 준다. 또한, 바다에 사는 플랑크톤에 영양분을 공급해서 바다가 건강해지는 역할을 하기도 한다.

**1** 황사에 대한 설명으로 옳지 <u>않은</u> 것은?

① 황사는 중국 황허 강 지역에서 발생한다.

② 황사에는 산성 물질이 많이 포함되어 있다.

③ 황사는 편서풍을 타고 아시아 전역으로 퍼진다.

④ 황사는 사람의 호흡기와 눈에 나쁜 영향을 준다.

⑤ 황사는 식물이 숨 쉬는 것을 막아 잘 자라지 못하게 한다.

**2** 황사의 좋은 점을 왼쪽 글에서 찾아 쓰시오.

**3** 황사가 발생했을 때 건강을 지키기 위한 방법을 서술하시오.

**용어풀이**

▶ 발원지: 어떤 현상이 최초로 발생하거나 일어난 곳

▶ 알칼리성: 염기성을 나타내는 성질

# 42 피부를 보호하는 자외선 차단제

실내 생활

야외 활동

등산 또는 해수욕

SPF15/PA+

SPF30/PA++

SPF50+/PA+++

햇빛이 강하게 내리쬐는 여름철에는 자외선 지수가 높아진다. 자외선 지수가 높을 때는 되도록 밖에 나가지 않는 것이 좋지만, 바깥 활동을 꼭 해야 한다면 자외선 차단제를 바르는 것이 좋다. 자외선 차단제를 바르면 피부가 얼룩덜룩해지는 것과 피부 노화, 피부암 등을 예방할 수 있다.

자외선 차단제의 자외선 차단 효과는 'SPF(자외선 차단 지수)'와 'PA(자외선 차단 등급)' 표시를 통해 알 수 있다. SPF는 50까지 수로 표시하고 50 이상은 50+로 표시하며, 수가 커질수록 자외선 차단 효과가 좋다. 또, PA는 PA+, PA++, PA+++, PA++++로 표시하며, +가 많을수록 자외선 차단 효과가 좋다.

자외선 차단제는 외출하기 15분 전에 충분한 양을 피부에 골고루 바르고, 땀이 많이 나거나 장시간 햇빛에 노출될 때는 수시로 덧발라 주는 것이 좋다. 또한, 자외선 차단제를 바를 때 입이나 눈에 들어가지 않도록 주의하고, 집에 돌아온 후에는 피부를 깨끗이 씻어 자외선 차단제가 남아있지 않도록 하는 것도 중요하다.

**1** 자외선 차단제에 대한 설명으로 옳지 <u>않은</u> 것은?

① 외출하기 5분 전에 바르는 것이 좋다.

② 피부에 발라 피부 노화를 예방할 수 있다.

③ 땀이 많이 날 때는 수시로 덧발라 주는 것 좋다.

④ SPF는 자외선 차단 지수로 수가 커질수록 효과가 좋다.

⑤ PA는 자외선 차단 등급으로 +가 많을수록 효과가 좋다.

**2** 자외선 차단제를 바르면 좋은 점을 왼쪽 글에서 찾아 쓰시오.

**3** 야외 활동을 할 때 자외선을 피할 수 있는 방법을 서술하시오.

**용어풀이**

▶ 자외선(UV): 태양 광선의 한 종류이며 우리 눈에 보이지 않는다. 피부를 태우거나 살균 작용을 하며 너무 많이 쬐면 피부암의 원인이 될 수 있다.

# 도토리, 줍지 말고 양보하자!

가을 산에 올라가면 울긋불긋한 단풍과 산길에 떨어진 낙엽을 밟는 즐거움을 느낄 수 있다. 또한, 산길에 떨어진 도토리를 찾는 재미도 있다. 그런데 어떤 사람들은 등산을 기념하거나 도토리묵과 같은 음식을 만들기 위해 도토리를 주워 가기도 한다.

우리는 도토리를 가루내서 묵을 만들어 먹거나 작은 장난감이나 장식품을 만드는 데 사용한다. 하지만 도토리는 다람쥐, 청설모, 멧돼지뿐만 아니라 숲속의 조류, 곤충들이 주로 먹는 열매이다. 특히 먹이가 부족한 겨울에 도토리는 야생동물에게 꼭 필요한 겨울 양식이다. 사람들이 함부로 도토리를 주워 가는 것으로 인해 다람쥐의 겨울 식량이 감소하여 그 수가 매년 줄어들고 있다고 한다. 매년 다람쥐의 수가 줄어드는 것은 생태계의 평형이 깨지는 것을 의미한다. 사람이 먹는 도토리묵 한 접시에는 다람쥐가 한 달 동안 먹을 수 있는 도토리가 사용된다고 하니 다람쥐에게 도토리를 양보하는 것이 어떨까?

**1** 사람들이 도토리를 주워 가는 이유로 가장 옳지 <u>않은</u> 것은?

① 별다른 생각이 없이

② 등산을 기념하기 위해서

③ 야생동물을 보호하기 위해서

④ 도토리묵을 만들어 먹기 위해서

⑤ 도토리로 장난감을 만들기 위해서

**2** 다음 설명에서 빈칸에 들어갈 알맞은 말을 왼쪽 글에서 찾아 쓰시오.

> **설명**
>
> (          )는 어떤 장소에서 살아가는 모든 생물과 물, 흙, 공기, 햇빛과 같은 비
> 생물이 서로 영향을 주고 받는 것을 말한다.

**3** 사람들이 함부로 도토리를 주워 가서 다람쥐의 수가 줄어들면 생태계의 평형이 깨진다.
다람쥐의 수가 줄어들면 생길 수 있는 현상을 서술하시오.

**용어풀이**

▶ 생태계 평형: 생태계를 이루는 생물의 종류와 수가 안정된 상태를 유지하는 것

# 44 울퉁불퉁한 달의 얼굴

안녕? 난 달이야!

지구에서 보는 내 모습은 아름답고 신성하게 보이는 것 같아. 왜냐하면 지구의 많은 사람들이 밤하늘에 떠 있는 내 모습을 보고 감탄하는 시를 짓기도 하고, 나한테 소원을 빌기도 하니까 말이야. 또, 매일 조금씩 변하는 내 모습을 보며 신기해하거든.

그런데 말이야, 사실 나를 가까이에서 본다면 울퉁불퉁한 내 모습에 실망할 수도 있어. 우주 공간을 떠돌던 운석들이 나를 마구 때려서 생긴 상처로 인해 내 얼굴은 울퉁불퉁해졌어. 내가 운석의 공격을 막지 못하는 것은 내 힘이 지구의 힘보다 약하기 때문이야. 나보다 힘이 센 지구는 공기로 둘러싸여 있어. 그래서 운석이 지구를 공격해도 공기와의 마찰로 인해 대부분 타서 사라져. 지구에서 그 모습을 보면 별똥별이 떨어진다고 할 거야. 하지만 힘이 약한 나는 운석의 공격을 막아줄 공기를 잡아둘 수가 없어. 그래서 운석이 나를 공격하면 내 얼굴에 떨어져 울퉁불퉁한 구덩이가 생기지. 또, 물도 없고 비바람도 불지 않아서 내 얼굴에 구덩이가 생기면 쉽게 없어지지도 않아.

**1** 달에 대한 설명으로 옳지 <u>않은</u> 것은?

① 달에는 물과 공기가 없다.

② 보통 달은 밤에 볼 수 있다.

③ 달 표면은 울퉁불퉁한 구덩이가 많다.

④ 지구에서 보는 달의 모습은 항상 동그랗다.

⑤ 운석이 충돌하여 달 표면에 운석 구덩이가 생긴다.

**2** 다음 설명에서 빈칸에 공통으로 들어갈 알맞은 말을 왼쪽 글에서 찾아 쓰시오.

> **설명**
>
> 지구와 달에 운석이 충돌할 때 지구 표면에는 (            )가 있어 운석이 타 없어지
> 거나 크기가 작아지지만, 달에는 (            )가 없어 바로 충돌하기 때문에 표면이
> 울퉁불퉁하다.

**3** 지구와 달의 공통점과 차이점을 한 가지씩 쓰시오.

**용어풀이**

▶ 운석: 우주에서 떨어진 돌

# 계속 감소하는 쌀 소비량

한국의 주식인 쌀의 1인당 연간 소비량이 30년 전의 절반 수준으로 감소했다. 한국인의 쌀 소비량이 감소하는 이유는 여러 가지이다. 쌀의 주된 영양소인 탄수화물을 많이 먹으면 살이 찐다고 생각하기 때문이다. 또, 집에서 밥을 직접 해서 먹는 인구가 줄었고, 쌀을 대신할 가공식품이 다양해지면서 식생활이 간편해졌기 때문이다.

쌀은 식이섬유, 비타민 B군, 미네랄, 필수아미노산 등 다양한 영양소를 함유하고 있어 우리 몸에 이롭다. 쌀 소비량이 줄어들면 쌀에 포함된 다양한 영양소의 섭취 부족으로 인해 각기병이나 심장병과 같은 질병을 일으키기 쉽다. 한편, 쌀 소비량 감소와 반대로 육류 소비량은 매년 증가하고 있다. 육류 소비량이 증가하면 고혈압과 지방의 과다 섭취로 인해 대사성질환, 당뇨병과 같은 질병에 걸릴 가능성이 커진다.

쌀 소비량 감소에 따른 여러 가지 질병을 예방하기 위해 채소, 과일 등 다양한 식품을 섭취하여 영양소를 보충해야 한다.

**1** 왼쪽 글을 읽고 알 수 있는 사실이 <u>아닌</u> 것은?

① 1인당 연간 쌀 소비량이 감소했다.

② 육류 소비량은 매년 증가하고 있다.

③ 쌀은 한 가지 영양소만 함유하고 있다.

④ 쌀의 섭취가 부족하면 각기병에 걸릴 수 있다.

⑤ 육류 소비량이 증가하면 고혈압에 걸릴 가능성이 커진다.

**2** 한국인의 쌀 소비량이 줄어드는 이유를 왼쪽 글에서 찾아 쓰시오.

**3** 밥 한 공기에 들어있는 쌀의 양이 120 g일 때 내가 3일 동안 먹은 쌀의 양은 몇 g인지 계산하시오.

| 날짜 | 월    일 | 월    일 | 월    일 | 전체 |
|---|---|---|---|---|
| 하루 동안 먹은 밥의 양(공기) | | | | |
| 하루 동안 먹은 쌀의 양(g) | | | | |

**용어풀이**

▶ 쌀: 벼에서 껍질을 벗겨 낸 알맹이

# 46 겨울철 건강 관리

찬 바람이 부는 겨울, 오랜 시간 추위에 노출되면 감기, 저체온증, 동상 등에 걸릴 수 있다. 어떻게 하면 추운 겨울철에 건강을 지킬 수 있을까?

겨울철에는 면역력이 떨어지기 쉬우므로 적절한 양의 물을 마시고, 영양소가 골고루 포함된 식사를 해야 한다. 이때 체온을 유지하기 위해 따뜻한 물을 마시는 것이 도움이 된다. 또, 춥다고 움츠러들지 말고 실내에서라도 가벼운 운동을 하는 것이 좋다.

겨울철 건강 관리를 위해 실내 온도와 습도를 적절하게 유지하는 것이 좋다. 겨울철 실내 적정 온도는 18~20 ℃이다. 실내외 온도 차이가 크면 감기에 걸릴 가능성이 더 크므로 실내 온도를 많이 높이기보다는 적정 온도를 유지하면서 추우면 옷을 더 입는 것이 좋다. 또, 습도가 너무 낮으면 아토피나 비염 증상이 심해지거나 감기에 걸리기 쉽다. 겨울철 실내 적정 습도는 40~60 %이므로 이 습도를 유지하기 위해 그릇에 물을 담아두거나 젖은 수건을 널어 놓으면 좋다.

또한, 하루에 2~3시간 간격으로 3번, 최소 10분에서 최대 30분 정도 창문을 열어 환기하여 공기를 순환시키는 것이 좋다.

**1** 겨울철 건강한 생활 습관으로 옳지 <u>않은</u> 것은?

① 따뜻한 물을 마신다.

② 적절한 습도를 유지한다.

③ 실내에서 가벼운 운동을 한다.

④ 찬 바람이 불 때는 환기를 하지 않는다.

⑤ 다양한 영양소가 골고루 포함된 식사를 한다.

**2** 겨울철 실내 적정 온도는 몇 ℃인지 왼쪽 글에서 찾아 쓰시오.

**3** 겨울철 야외 활동을 할 때 체온을 유지할 수 있는 방법을 서술하시오.

**용어풀이**

▶ 면역력: 외부에서 들어온 병원균에 저항하는 힘

# 47 공포의 블랙아웃

겨울철에는 추위로 인해 가정이나 회사, 공장, 상점 등 각종 시설에서 난방 기구 사용량이 증가하고, 그만큼 전기를 많이 사용하게 된다. 우리나라는 한국전력거래소에서 매일 실시간으로 현재 전력 상황을 공개하고, 예비 전력의 양이 부족할 경우를 '준비-관심-주의-경계-심각'의 5단계로 나누어 관리한다. 만약 예비 전력이 150 kW보다 적은 심각 단계가 되면 지역별로 전력 공급을 끊는다.

전력 공급량이 사용량을 못 따라가는 최악의 상황을 '블랙아웃'이라고 한다. 블랙아웃은 전국적으로 전력 공급이 중단되는 초비상 사태를 말한다. 우리나라에서 블랙아웃이 발생한 것은 지난 1971년 9월 27일, 단 하루뿐이다. 그러나 2011년 '9·15 순환 정전' 사태를 겪으면서 블랙아웃에 대한 공포가 커졌다. 순환 정전 사태가 벌어진 당시 전력 상황이 급박해지자 전국에서 일부 전력 공급을 끊어 곳곳에서 문제를 일으켰다. 예를 들면 신호등이 무작위로 꺼져 교통사고가 나거나 엘리베이터가 작동하지 않아 사람이 갇혔다. 또, 식료품점의 냉장고가 작동하지 않아 식품이 상하는 등 여러 가지 문제가 발생했다.

**1** 전력 공급이 끊어지면 나타날 수 있는 현상이 <u>아닌</u> 것은?

① 지하철 운행이 중단될 것이다.

② 가스레인지로 음식을 조리하지 못할 것이다.

③ 전기 히터를 사용하지 못해 추위로 고생할 것이다.

④ 엘리베이터가 멈춰 고층 건물에서 이동하기 어려울 것이다.

⑤ 형광등이나 가로등이 켜지지 않아 밤에 이동하기 불편할 것이다.

**2** 겨울철 전기를 많이 사용하는 이유를 왼쪽 글에서 찾아 쓰시오.

**3** 전기를 아껴쓰기 위해 내가 할 수 있는 일을 세 가지 쓰시오.

용어풀이

▶ 전력: 단위 시간 동안 전기 장치에 공급되는 전기 에너지의 양으로 단위는 와트(W)와 킬로와트(kW)를 사용한다.

# 겨울철 캠핑, 안전하게!

눈 덮인 야외에서 캠핑을 하는 사람들이 많다. 온 가족이 텐트를 치고, 따뜻한 모닥불 주위에 둘러앉아 겨울을 느낄 수 있다. 그러나 날씨가 추운 만큼 방한과 화재 대비에 철저한 준비가 필요하다. 겨울철 캠핑의 주의 사항은 다음과 같다.

## ※ 겨울철 캠핑의 주의 사항 ※

첫째, 강한 바람에 텐트가 무너질 수 있으므로 큰 나무나 야트막한 언덕과 같은 바람막이가 있는 곳에 자리를 잡는다.

둘째, 언 땅에서 올라오는 냉기와 습기를 막기 위해 방수포를 깔고, 텐트 안에 매트나 이불을 깔아 온도를 유지한다.

셋째, 갑작스러운 추위에 대비하기 위해서 보온 효과가 좋은 옷을 여러 벌 챙기고, 핫팩 등으로 체온을 유지한다.

넷째, 텐트 안에서 난방 기구를 사용하면 일산화 탄소가 발생하여 두통이나 호흡 곤란이 올 수 있으므로 텐트 안의 환기를 잘 한다.

**1** 겨울철 캠핑 시 주의해야 할 사항으로 옳지 <u>않은</u> 것은?

① 보온이 잘 되는 옷을 여러 벌 챙긴다.

② 냉기와 습기를 막기 위해 방수포를 깐다.

③ 텐트 안에는 얇은 담요나 이불을 겹겹이 깐다.

④ 큰 나무 등 바람막이가 있는 곳에 텐트를 친다.

⑤ 텐트 안으로 찬 공기가 들어오지 않도록 환기를 하지 않는다.

**2** 텐트 안에서 난방 기구를 사용할 때 환기를 잘 해야 하는 이유를 왼쪽 글에서 찾아 쓰시오.

**3** 겨울철 캠핑을 갈 때 꼭 필요한 준비물을 두 가지 생각해 보고, 각각의 준비물이 필요한 이유를 서술하시오.

**용어풀이**

▸ 일산화 탄소: 산소가 부족한 상태에서 연료가 탈 때 발생하는 기체, 일산화 탄소에 중독되면 우리 몸에 산소가 부족하게 된다.

# 49 겨울철 과일의 제왕이 된 딸기

그동안 겨울의 대표 과일은 감귤이었다. 하지만 얼마 전부터는 딸기가 새로운 겨울 과일의 제왕이 되었다. 딸기는 5, 6월의 늦봄과 초여름에 주로 재배되는 과일이었으나 비닐하우스에서 딸기를 재배하기 시작하면서 한겨울에도 딸기를 먹을 수 있게 되었다. 겨울에 나오는 딸기는 5, 6월에 나오는 딸기보다 신맛이 적고 단맛이 강하다. 5, 6월보다 날씨가 추운 겨울에는 딸기가 천천히 익어 영양분이 많이 저장되고 크기도 커진다. 기온이 높아지는 3월부터는 딸기의 신맛이 강해진다고 하니 이제부터 딸기의 제철은 겨울이라고 할 수 있다.

한국농촌경제연구원에 따르면 딸기의 재배 면적이 점점 넓어지고 있다고 한다. 또한, 재배 기술이 발전하여 옛날보다 많은 양의 딸기가 생산되고 있어 1인당 딸기 연간 소비량도 증가할 것이라고 한다.

한국 딸기는 지속적인 품종 개발로 해외에서도 인기를 끌고 있어 한국의 대표 농산물(K-딸기)로 거듭나고 있다.

**1** 감귤과 딸기의 겉모습과 속모습을 바르게 연결하시오.

**2** 겨울에 나오는 딸기가 더 맛있게 느껴지는 이유를 왼쪽 글에서 찾아 쓰시오.

**3** 요즘 딸기는 대부분 비닐하우스에서 재배한다. 비닐하우스의 좋은 점을 추리하여 서술하시오.

**핵심이론**

딸기는 아무런 시설이 없는 곳에서는 5월쯤 열매를 맺지만, 비닐하우스 재배를 통해 딸기를 초가을에 심어 겨울에 수확하기도 한다.

# 새로운 국가가 된 쓰레기 섬

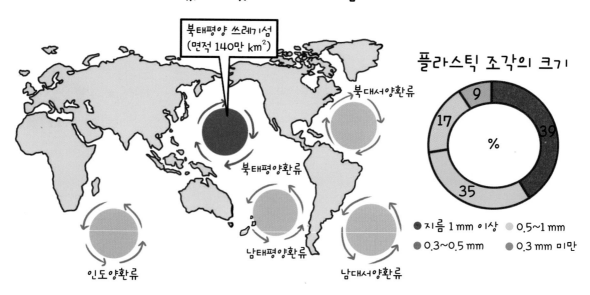

전 세계 해양에 떠 있는 다섯 개의 쓰레기 섬

북태평양 쓰레기섬
(면적 140만 km²)

북대서양환류

북태평양환류

플라스틱 조각의 크기

9

17

%

39

35

인도양환류

남태평양환류

남대서양환류

● 지름 1 mm 이상    ○ 0.5~1 mm
◐ 0.3~0.5 mm    ◑ 0.3 mm 미만

1997년 요트를 타고 북태평양을 항해하던 찰스 무어 선장은 바람이 불지 않는 무풍 지대에서 3주 동안 갇히게 되었다. 무풍 지대를 벗어나기 위해 노력하던 선장은 그 곳에서 지도에 없는 섬을 발견했는데, 가까이에서 실제로 보게 된 것은 섬이 아니라 엄청난 양의 쓰레기 더미였다. 도시에서 멀리 떨어진 태평양 한 가운데에 플라스틱 쓰레기가 섬을 이루고 있는 것을 발견한 것이다.

쓰레기 섬이 발견된 곳은 바람이 잘 불지 않아 배가 거의 다니지 않는다. 태평양을 흐르는 바닷물의 절반은 해류를 따라 이곳으로 오는데, 이때 바닷물 위에 떠 있는 플라스틱 쓰레기들도 해류를 따라 이곳에 모인다. 플라스틱은 미생물에 의해 분해가 되지 않고, 물에도 녹지 않아 바다표범이나 고래와 같은 바다 생물들이 먹이로 착각하여 먹고 죽는 일이 종종 발생하고 있다.

전 세계 환경 운동가들은 쓰레기 섬의 심각성을 알리기 위해 국제연합(UN)에 쓰레기 섬을 정식 국가로 인정해 달라는 신청서를 제출했고, 국제연합에서도 정식 국가로 승인하여 '쓰레기 섬나라(The Trash Isle)'라는 이름을 갖게 되었다.

**1**  북태평양 쓰레기 섬에 대한 설명으로 옳지 <u>않은</u> 것은?

① 1997년 우연히 발견되었다.

② 쓰레기 섬에서는 사람이 살지 않는다.

③ 쓰레기 섬의 대부분은 플라스틱 쓰레기이다.

④ 쓰레기 섬이 발견된 곳은 거센 바람이 많이 분다.

⑤ 바다 생물이 플라스틱 쓰레기를 먹고 죽는 경우도 있다.

**2**  북태평양에 쓰레기 섬이 생긴 이유를 왼쪽 글에서 찾아 쓰시오.

**3**  플라스틱을 사용할 때 생기는 문제점을 서술하시오.

**용어풀이**

▶ 무풍 지대: 바람이 불지 않는 지역
▶ 해류: 일정한 방향과 속도로 움직이는 바닷물의 흐름

안쌤의
# STEAM
# + 창의사고력
## 과학 100제

영재성검사 창의적 문제해결력 평가

# 기출예상문제

영재성검사 창의적 문제해결력 평가
# 기출예상문제

**1** 다음 〈보기〉와 같이 두 개의 그림을 합하여 새로운 그림을 만들 수 있다. 이와 같은 규칙으로 새로 만든 그림을 완성하시오.

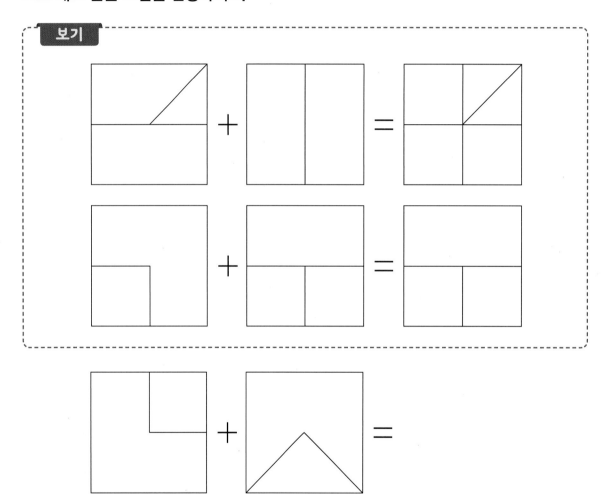

**2** 1985년에 태어난 예은이 아버지와 2020년에 태어난 예은이의 나이 차이는 몇 살인지 구하시오.

**3** 다음 그림에서 찾을 수 있는 크고 작은 직사각형의 모양과 각각의 개수를 모두 구하시오.

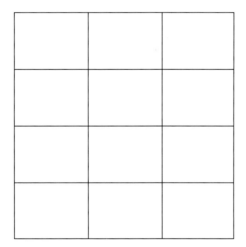

**4** 다음 괄호 안에 들어갈 수를 쓰고, 그 규칙을 서술하시오.

> 1 - 2 - 4 - (　　) - (　　) - (　　) - …

**5** 수달이는 매일 차를 타고 학교에서 집으로 온다. 한 칸을 이동할 때마다 1분이 걸리고, 빨간 점이 있는 곳을 지날 때마다 1분이 더 걸린다. 그림 (가)는 어제 수달이가 차를 타고 집으로 온 길이고, 걸린 시간은 9분이다. 오늘은 그림 (나)와 같은 길로 차를 타고 집으로 온다고 할 때, 걸리는 시간은 몇 분인지 구하시오.

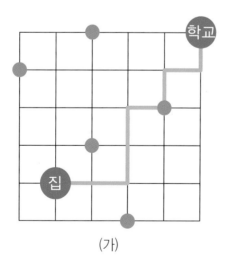

(가)

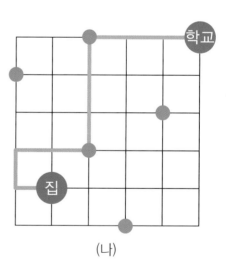

(나)

**6** 벌집의 모양이 육각형인 이유를 3가지 서술하시오.

**7** 다음 그림 (가)와 같이 세 기둥 A, B, C에 구슬이 끼워져 있다. 각 기둥의 가장 위에 있는 구슬만 한 번에 하나씩 꺼내어 다른 기둥으로 옮길 수 있다. 그림 (가)의 구슬을 그림 (나)와 같이 만들려면 구슬들을 최소 몇 번 옮겨야 하는지 구하시오.

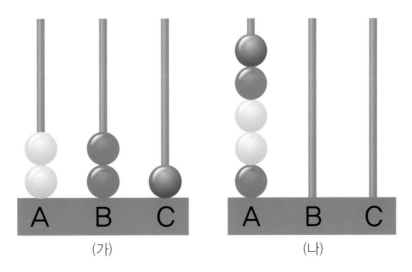

**8**  다음과 같은 말굽 모양의 자석을 클립이 들어있는 통에 넣고 흔들었다. 이때 클립이 붙는 모습을 그림으로 나타내고, 그렇게 생각한 이유를 서술하시오.

**9**  다음 동물들을 두 무리로 분류할 수 있는 기준을 5가지 서술하시오.

> 호랑이, 파리, 지렁이, 뱀, 붕어, 비둘기, 사마귀, 매미, 기린, 잠자리, 상어, 오징어

**10** 다음은 화강암과 각설탕의 사진이다. 화강암과 각설탕의 특징을 감각과 관련하여 서술하고, 공통점과 차이점을 서술하시오.

〈화강암〉　　　　　〈각설탕〉

**11** 전화나 인터넷 같은 통신기술을 사용하지 않고 멀리 떨어져 있는 곳으로 신호를 전달할 수 있는 방법을 3가지 서술하시오.

(단, 사람의 목소리가 들리지 않을 만큼 충분히 떨어진 거리에서 전달한다.)

지금은 통신 기술이 발달하여 전화나 인터넷을 통하여 멀리 있는 곳까지 정보를 전달하지만, 옛날에는 높은 곳에 봉수대를 만들어 낮에는 연기로, 밤에는 불빛으로 약속된 신호를 전달했다.

**12** 탄성은 잡아당기면 늘어나고 손을 놓으면 원래 모양으로 돌아가는 성질이다. 라텍스 고무줄처럼 탄성이 있는 물질이 사용되는 예를 10가지 서술하시오.

라텍스 고무줄

**13** 물레방아는 물의 힘으로 바퀴를 돌리는 기구이다. 옛날에는 물레방아를 이용하여 곡식을 찧었다. 물레방아의 물레바퀴를 빠르게 돌릴 수 있는 방법을 3가지 서술하시오.

강원도 정선 물레방아

**14** 어떤 기둥 모양이 가장 튼튼한지 알아보기 위해 기둥이 무너질 때까지 기둥 위에 책을 쌓는 실험을 했다. 결과를 바탕으로 가장 튼튼한 기둥을 고르고, 그렇게 생각한 이유를 서술하시오.

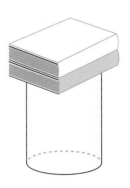 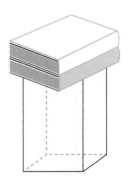 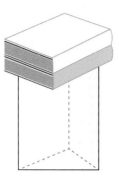

| 기둥 모양 | 둥근기둥 | 네모기둥 | 세모기둥 |
|---|---|---|---|
| 무너질 때까지 올린 책의 수(권) | 10 | 7 | 6 |

# 영재교육의 모든 것!
# 시대에듀가 상위 1%의 학생이 되는
# 기적을 이루어 드립니다.

안쌤 **안재범**

수달쌤 **이상호**

수박쌤 **박기훈**

## 영재교육 프로그램

| 프로그램 1 | 창의사고력 대비반 | 프로그램 2 | 영재성검사 모의고사반 | 프로그램 3 | 면접 대비반 | 프로그램 4 | 과고·영재고 합격완성반 |

## 수강생을 위한 프리미엄 학습 지원 혜택

 영재맞춤형
**최신 강의 제공**

 영재로 가는 필독서
**최신 교재 제공**

핵심만 담은
**최적의 커리큘럼**

 PC + 모바일
**무제한 반복 수강**

 스트리밍 & 다운로드
**모바일 강의 제공**

 쉽고 빠른 피드백
**카카오톡 실시간 상담**

시대에듀 **안쌤 영재교육연구소** | www.sdedu.co.kr

# 시대에듀가 준비한
# 특별한 학생을 위한
# 최상의 학습
## 시리즈

### 안쌤의 사고력 수학 퍼즐 시리즈

**1**
- 14가지 교구를 활용한 퍼즐 형태의 신개념 학습서
- 집중력, 두뇌 회전력, 수학 사고력 동시 향상

### 안쌤의 STEAM + 창의사고력
#### 수학 100제, 과학 100제 시리즈

**2**
- 영재교육원 기출문제
- 창의사고력 실력다지기 100제
- 초등 1~6학년

### 안쌤과 함께하는
### 영재교육원 면접 특강

**8**
- 영재교육원 면접의 이해와 전략
- 각 분야별 면접 문항
- 영재교육 전문가들의 연습문제

### 스스로 평가하고 준비하는! 대학부설 · 교육청
### 영재교육원 봉투모의고사 시리즈

**7**
- 영재교육원 집중 대비 · 실전 모의고사 3회분
- 면접 가이드 수록
- 초등 3~6학년, 중등

영재교육원 영재성검사, 창의적 문제해결력 평가 완벽 대비

안쌤의

# STEAM
## + 창의사고력
## 과학 100제

### 정답 및 해설

시대에듀

# 이 책의 차례

|  | 문제편 | 해설편 |
|---|---|---|
| **창의사고력 실력다지기 100제** |  |  |
| I. 에너지 | 001 | 02 |
| II. 물질 | 022 | 07 |
| III. 생명 | 044 | 12 |
| IV. 지구 | 066 | 17 |
| V. 융합 | 088 | 22 |
| **영재성검사 창의적 문제해결력 평가 기출예상문제** | 110 | 27 |

# 정답 및 해설

# 에너지 정답 및 해설

## 01 이산화 탄소의 발생량 줄이기

**1** ⑤

**2** 14＋5＝19 (kg)

**3** • 낮은 층수는 계단을 이용한다.
　• 가까운 거리는 걸어가거나 대중교통을 이용한다.
　• 사용하지 않는 가전제품의 플러그는 뽑아 둔다.

### 해설

**1** 지구 온난화란 지구 표면 온도가 상승하는 현상이다. 이산화 탄소처럼 공기 중에서 에너지를 흡수하여 온실효과를 일으키는 기체를 온실기체라고 한다. 이 온실기체가 지구 온난화를 일으키는 원인 중 하나이다.

**2** 에어컨의 사용 시간을 1시간 줄이면 1년간 배출되는 이산화 탄소의 발생량을 14 kg 줄일 수 있다. 또, 에어컨의 냉방 온도를 2 ℃ 높이면 1년간 배출되는 이산화 탄소의 발생량을 5 kg 줄일 수 있다.

**3** 전기 사용량을 줄여 이산화 탄소 발생량을 줄일 수 있다. 엘리베이터 대신 계단을 이용하면 전기 사용을 줄일 수 있다. 사용하지 않는 전자기기의 플러그를 뽑아 두거나 멀티탭을 사용해 전력을 차단하면 대기전력을 줄일 수 있다.

## 02 밤낮없이 시끄러운 소음

**1** ④

**2** 데시벨

**3** 도로에서 들리는 소음을 막기 위해서 방음벽을 설치한다.

### 해설

**1** 조사 기간 중 전용주거지역의 낮 시간대 소음은 53 dB이고, 밤 시간대 소음은 47 dB으로, 낮 시간대가 더 시끄러웠다.

**3** 방음벽은 소음이 발생하는 위치에서 그 소음을 듣는 사람이 있는 장소 사이에 설치한다. 도로 옆에 설치하는 대형 방음벽 등이 대표적이다. 일반적으로 방음벽은 높이를 높게 만들거나 두께를 두껍게 만들고, 소음을 흡수할 수 있는 특수한 재료를 사용해서 만든다.

## 03 '방방이' 탈 때 조심하세요!

**1** ④

**2** 힘을 주면 늘어나거나 줄어들며 주었던 힘을 빼면 원래대로 돌아오는 성질

**3** 볼펜, 자전거 안장, 매트리스, 용수철저울 등

**해설**

**1** 용수철에 힘을 많이 줄수록 모양은 많이 변한다.

**2** 외부의 힘에 의하여 모양이 바뀐 물체가 이 힘이 없어졌을 때 원래의 상태로 되돌아가려고 하는 성질을 탄성이라고 한다. 용수철은 탄성에 의하여 힘을 주면 늘어나거나 줄어들며, 주었던 힘을 빼면 다시 원래대로 돌아온다.

**3** • 볼펜 속 용수철은 볼펜심을 들어가거나 나오게 한다.
　• 자전거 안장 속의 용수철은 흔들림이나 충격을 흡수한다.
　• 매트리스 속 용수철은 흔들림이나 충격을 흡수한다.
　• 용수철저울은 물체의 무게가 커질수록 용수철의 늘어난 길이가 길어지는 성질을 이용하여 물체의 무게를 잰다.

## 04 밤이 너무 밝다

**1** 빛 공해

**2** ③

**3** • 어두운 밤에도 책을 볼 수 있다.
　• TV나 모니터, 스마트폰 화면을 볼 수 있다.
　• 인공 빛을 이용하여 식물을 재배할 수 있다.
　• 레이저 빛을 이용하여 질병을 치료할 수 있다.
　• 신호등 불빛은 운전자와 보행자 모두 안전하게 보호해 준다.

**해설**

**2** 어두운 밤거리를 밝혀 길을 쉽게 찾을 수 있게 해 주는 것은 빛의 좋은 점이다.

**3** 인간이 처음 사용했던 조명은 모닥불이다. 시간이 지나면서 횃불, 촛불, 등잔 불 등을 사용하게 되었다. 이후 석유등, 가스등 등으로 발전되었고, 필라멘트를 사용하는 백열등이 발명되었다. 전기가 들어오고 난 후 전기를 이용한 조명은 빠른 속도로 발전했다. 전기가 들어오기 전에는 낮에도 건물 안쪽은 어두운 곳이 많았다. 그래서 방안 곳곳에 거울을 두어 햇빛을 집안으로 끌어들여 밝게 했고, 밤에는 어두워서 활동하기 어려웠다. 전기가 들어온 이후에는 실내에서는 백열등이나 형광등이 사용되었고, 야외에서는 아크등, 나트륨등, 수은등, 네온사인 등이 사용되었다. 최근에는 LED 조명으로 바뀌고 있다.

## 05 세계 최대 규모, 시화호 조력발전소

### 정답

**1** ①, ②

**2** 안전성이 높아 친환경적이고 지속 가능한 청정 에너지이다.

**3** • 철새의 생활 공간을 파괴할 수 있다.
 • 어족 자원의 변화를 가져올 수 있다.
 • 인공 물막이가 갯벌을 못 쓰게 할 수 있다.
 • 오염되었던 시화호의 물이 바다로 흘러나가 바다를 오염시킬 수 있다.

### 해설

**1** 농업 용수를 공급할 목적으로 만들어진 시화호 는 주변의 공장 폐수와 생활 하수가 흘러들어 와 심각하게 오염되었다.

**2** 조력발전은 화석연료와 달리 온실가스를 배출 하지 않는다. 또한, 원자력 발전과 달리 위험한 폐기물이 생길 염려가 없다.

## 06 보온 주머니, 밥멍덕

### 정답

**1** ④

**2** 열

**3** 보온 · 보냉 주머니, 보온병, 방한복, 방한 장갑, 방한 마스크, 이중창 등

### 해설

**1** 물체의 온도를 높이거나 상태를 변화시키는 에 너지는 열이고, 어떤 물체의 차갑고 뜨거운 정 도를 숫자로 나타낸 것은 온도이다.
 열은 온도가 높은 곳에서 낮은 곳으로 이동한다.

**2** 밥공기에 밥멍덕을 씌워 두면 밥멍덕이 밖으로 열이 빠져나가는 것을 막아주기 때문에 밥이 천천히 식는다.

**3** • 보온 · 보냉 주머니나 보온병 등을 사용하면 음료수를 오랫동안 따뜻하거나 차갑게 보관할 수 있다.
 • 방한복, 방한 장갑, 방한 마스크 등은 피부와 공기를 직접 접촉하지 않게 하여 열의 이동을 막는다.
 • 이중창은 창과 창 사이에 공기 층을 두어 실내 와 실외의 열의 이동을 막는다.

## 07 에너지 효율과 탄소중립포인트 제도

1 ①

2 탄소중립포인트 제도

3 • 일회용컵 대신 텀블러를 사용한다.
  • 배달음식을 주문할 때 다회용기를 사용한다.

### 해설

1 에너지 효율이 높은 제품을 사용하면 에너지를 절약할 수 있다. 에너지 효율은 에너지 소비 효율 등급 숫자가 낮을수록 높다.

2 탄소중립포인트 제도는 2009년 에너지 분야에서 시작한 후 자동차, 녹색생활 실천 분야 등으로 확대되었다.

3 '기후행동 1.5 ℃'는 모바일에 익숙한 어린이와 청소년을 대상으로 기후 변화의 심각성을 인식하고 기후 친화적인 생활 습관을 형성할 수 있도록 도와주기 위해 개발된 어플리케이션(앱)이다. 어린이와 청소년들이 쉽게 기후행동에 참여하고 환경보호 습관을 기를 수 있도록 실천일기 쓰기, 퀴즈 풀기, 실천과제 도전, 쓰레기 줍기 게임 등 다양한 챌린지가 진행되고 있다.

## 08 원자력 발전의 두 얼굴

1
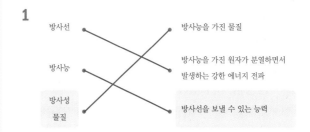

2 ④

3 우리 몸에 달라붙어 건강에 나쁜 방사선을 계속 뿜어내기 때문에 방사선을 쬐는 것보다 훨씬 해롭다.

### 해설

원자력 에너지는 원자핵이 분열할 때 발생하는 열에너지이다. 원자력 에너지는 적은 양으로도 많은 에너지를 생산할 수 있고, 이산화 탄소를 거의 배출하지 않는다는 장점이 있다. 하지만 원자력 에너지는 원자력 발전소에서 사고가 일어날 경우 방사능이 외부로 흘러나와 주변의 땅과 물을 오염시키고, 원자 폭탄과 같은 원자력 무기를 개발할 수 있는 문제점이 있다.

2 원자력 발전은 태양광 발전이나 풍력 발전보다 날씨의 영향을 적게 받으므로 안정적으로 전기를 공급할 수 있다.

## 09 우주 강국의 꿈

### 정답

1 ②

2 중력

3 • 공통점: 지구 주위를 돈다.
  • 차이점: 달은 자연적으로 생겼지만, 인공위성은 사람이 만들었다.

### 해설

우주 개발은 크게 인공위성, 발사체(로켓), 우주 이용 및 우주 과학 분야로 나눌 수 있다. 우리나라는 1990년대 우주 개발을 시작하여 인공위성과 발사체 분야에서 개발을 계속하고 있다. 인공위성 분야에서는 1992년 우리별 1호 발사를 시작으로 1999년 우리별 3호 발사로 인공위성 개발국이 되었다. 이후 2013년 3차 시도만에 고흥군 나로우주센터에서 나로과학위성을 나로호에 실어 지구 저궤도에 쏘아 올리는 데 성공했다. 이를 통해 우리나라는 우리만의 기술로 우주 발사체를 성공적으로 발사한 국가가 되었다. 나로과학위성은 1년간 하루에 14바퀴씩 지구 주위를 돌며 우주 환경을 관측했다.

1 행성 주위를 도는 천체를 위성이라고 한다. 인공위성은 지구 주위를 돌 수 있도록 사람이 만들어서 쏘아 올린 장치이다.

## 10 눈 폭탄과 마찰력

### 정답

1 ③

2 • 타이어에 체인을 감는다.
  • 앞차와의 간격을 평소보다 멀게 한다.
  • 타이어의 홈을 크게 만든 겨울용 타이어를 사용한다.

3 서킷 위에서는 표면이 매끈한 타이어가 마찰력이 커서 빨리 달릴 수 있기 때문이다.

### 해설

1 젓가락에 홈을 파는 것, 고무장갑 표면을 거칠게 만드는 것, 눈이 오면 도로에 모래를 뿌리는 것, 자동차 바퀴에 체인을 감는 것은 마찰력을 크게 하여 잘 미끄러지지 않게 한 것이다. 그러나 수영장의 미끄럼틀에 물을 뿌리는 것은 잘 미끄러지도록 마찰력을 작게 한 것이다.

3 표면이 매끈한 경주용 타이어는 홈이 있는 일반 타이어보다 접지력이 커서 서킷 위에서 마찰력이 크다. 접지력이란 타이어가 도로 표면을 잡고 있는 능력을 말한다. 접지력이 클수록 타이어가 헛돌지 않고 자동차를 앞으로 움직이거나 멈추게 하는 힘이 강하다. 서킷이 아닌 일반 도로에서 표면이 매끈한 경주용 타이어는 쉽게 미끄러져서 위험하다.

# 물질 정답 및 해설

## 11  자석으로 시금치를 끌어당길 수 있을까?

### 정답

**1** ③

**2** 자기성

**3** 금속 철사를 먹으면 우리 몸이 흡수할 수 있는 상태가 되지 않으므로 부족한 철분을 보충할 수 없다.

### 해설

**1** • 자석에 잘 붙는 물체: 못, 철사, 클립, 옷핀, 가윗날, 용수철 등
  • 자석에 잘 붙지 않는 물체: 책, 거울, 동전, 연필, 칫솔, 지우개 등
  철로 된 물체는 자석에 붙고, 철로 되어 있지 않는 물체는 자석에 붙지 않는다. 한 물체에서도 자석에 붙는 부분과 붙지 않는 부분이 있을 수 있다.

**3** 철분이 많은 식품 속의 철은 금속 상태가 아니기 때문에 우리가 음식물로 섭취할 때 우리 몸이 흡수할 수 있는 상태의 철(이온 상태)로 된다. 캄보디아에서는 철로 만든 물고기를 넣고 끓인 물을 요리에 사용하여 철분 부족을 해결하는 경우도 있지만, 이 방법도 금속 철을 직접 먹는 것은 아니다.

## 12  얼음의 특이한 성질

### 정답

**1** ④

**2** 물이 얼 때 부피가 늘어나기 때문이다.

**3** 물을 끓여 녹아 있는 기체를 없앤 후 얼린다.

### 해설

**2** 물이 얼 때 모양이 육각형으로 되면서 액체일 때보다 입자들 사이의 거리가 멀어지기 때문에 부피가 늘어난다.

**3** 투명한 얼음을 만들려면 물속에 녹아 있는 기체를 없애면 된다. 예를 들어 물을 끓이면 물속에 있던 기체들이 빠져나오므로 끓인 물을 냉동실에 넣고 얼리면 투명한 얼음을 만들 수 있다.

## 13 영화 속에 과학이?

### 정답

1 ④

2 끓는점, 녹는점

3 생물의 몸속에 있는 물이 얼면 부피가 증가하여 세포가 상하기 때문이다.

### 해설

1 액체인 물을 가열하면 색은 변하지 않고 수증기로 변한다.

2 다른 물질과 구별되는 그 물질만이 가지는 고유한 성질을 물질의 특성이라고 한다. 물질의 종류마다 서로 달라 그 물질을 다른 물질과 구별할 수 있게 한다. 물질의 특성이 될 수 있는 것은 끓는점, 녹는점 외에 물질의 색깔, 맛, 냄새, 촉감 등이 있다.

3 얼음은 육각형의 고리 모양을 이룬다. 이 육각형의 고리 모양 가운데 빈 공간이 생기기 때문에 물이 얼음으로 변하면 부피가 늘어난다.

## 14 맛있는 아이스크림

### 정답

1 ①, ⑤

2 공기

3 갑작스럽게 온도가 낮아져 혈관이 수축되었다가(줄어들었다가) 다시 이완되는(늘어나는) 과정에서 혈액의 흐름에 변화를 주어서 두통이 생긴다.

### 해설

1 유화제는 서로 잘 섞이지 않는 재료들을 잘 섞이게 한다. 과거 중국인들은 눈이나 얼음에 과일즙을 섞어 먹었고, 이것은 마르코 폴로의 동방견문록을 통해 유럽에 알려졌다.

2 아이스크림이 살짝 녹았을 때 숟가락으로 휘저으면 아이스크림 속에 공기가 들어가 더 부드러워진다.

3 차가운 음식을 먹을 때 두통이 발생하는 이유는 아직 확실하게 밝혀지지 않았다. 몸에 갑자기 차가운 음식이 들어오면 뇌는 몸을 보호하기 위해 혈관을 좁히고 따뜻한 피를 뇌로 더 많이 내보낸다. 이때 뇌에 피가 몰리면서 압력이 증가해 갑작스러운 두통이 발생한다.

## 15 설탕과 소금으로 만드는 저장 식품

### 정답

**1** ④

**2** 삼투

**3** 소금물인 바닷물을 마시면 몸속에서 물이 빠져나와 목이 더 마르다.

### 해설

**1** 소금이나 설탕을 음식물 속에 충분히 넣어주면 미생물의 몸속에서 물이 모두 빠져나와 미생물이 죽거나 힘이 약해지기 때문에 오랫동안 보관할 수 있다.

**3** 바닷물은 소금이 많이 녹아 있어 짜다. 우리 몸속의 체액은 바닷물보다 농도가 낮기 때문에 바닷물을 마시면 몸속의 물이 빠져나와 우리 몸에서는 물을 더 필요로 하게 된다. 또한, 바닷물에는 불순물이 많아 마시면 건강에 나쁜 영향을 줄 수 있다.

## 16 페트병 생수, 세균 오염 주의!

### 정답

**1** ③

**2** 페트병에 입을 대지 말고 컵에 따라 마신다.

**3** 페트병은 입구가 좁아 깨끗하게 세척하고 건조시키는 것이 어렵기 때문이다.

### 해설

**1** 페트병에 입을 대고 마시면 침에 있는 여러 가지 영양 물질이 세균의 활동에 도움을 준다.

**2** 만약 페트병에 입을 대고 마셔야 한다면 한 번에 다 마시는 것이 좋다. 페트병에 입을 대지 않으면 침에 있는 영양 물질이 생수에 들어가지 않아 세균의 수가 늘어나는 것을 막는다.

**3** 페트병은 입구가 좁기 때문에 깨끗이 세척하고 건조시키는 것이 어렵다. 따라서 다시 사용하면 세균에 의해 오염될 가능성이 있다.

## 17 폭염과 탄산음료

### 정답

**1** ③, ⑤

**2** 이산화 탄소

**3** 주스 속에 세균 활동이 활발해지면 병 안에 이산화 탄소의 양이 증가하면서 압력이 높아지기 때문이다.

### 해설

**1** 탄산음료를 보관할 때는 서늘한 곳에 얼지 않게 보관하고, 개봉 후에는 빨리 먹는 것이 좋다. 한 번에 다 먹지 못한다면 뚜껑을 꽉 닫아서 냉장고에 넣어 낮은 온도에서 보관하는 것이 좋다.

**3** 주스는 일정 온도가 되면 세균이 아주 빠르게 늘어나 상하기 쉽다. 주스병의 뚜껑을 따고 나서 냉장고에 바로 넣지 않으면 주스의 온도가 올라가 그 후에는 냉장고에 넣어도 세균이 늘어난다. 주스도 탄산음료와 마찬가지로 얼지 않게 시원한 곳에서 보관하고 개봉 후에는 빨리 마시는 것이 좋다.

## 18 김치의 과학

### 정답

**1** ⑤

**2** 온도

**3** 김치는 익을수록 젖산이 더 많이 생기기 때문에 산도가 더 낮아져 매우 시어진다.

### 해설

**1** 온도와 유산균은 김치의 신맛에 영향을 준다. 이중 미생물은 유산균이다.

**2** 유산균이 빠르게 증가하는 것을 막기 위해서는 온도를 낮추어야 한다. 온도를 낮추면 유산균의 활동이 느려져 젖산이 생기는 속도가 늦어진다. 젖산이 많아지면 김치가 점점 시어진다.

**3** 김치를 갓 담근 초기에는 산도가 6.5 정도로 약한 산성을 띤다. 김치가 가장 맛있는 시기인 적숙기가 되면 산도는 4.5가 된다. 김치가 많이 익은 과숙기와 산폐기가 되면 젖산의 양이 많아지면서 산도는 4에 가까워져 점점 시어진다.

## 19 겨울철 자동차 관리

1  ⑤

2  어는점이 낮아서 쉽게 얼지 않기 때문이다.

3  물과 부동액을 넣은 용액의 끓는점은 100 ℃보다 높아져 쉽게 끓지 않기 때문이다.

### 🔍 해설

1  물이 얼면서 부피가 커지기 때문에 자동차 안이 망가질 수 있다.

2  물과 에틸렌글리콜을 3 : 7 비율로 섞은 혼합 용액의 어는점은 −50 ℃보다 낮은 온도로 웬만한 강추위 속에서도 쉽게 얼지 않는다.

3  부동액을 넣는 이유는 냉각수가 겨울에는 얼지 않게 하고, 여름에는 끓어 넘치지 않게 하기 위해서이다. 물에 끓는점이 높은 화합물이나 소금 등을 녹이면 물의 끓는점은 100 ℃보다 높아져 쉽게 끓지 않는다. 또, 어는점은 0 ℃보다 낮아져 쉽게 얼지 않는다.

## 20 하늘로 날아가 버린 풍선

1  ③

2  풍선 속에 들어 있는 헬륨이 공기보다 가볍기 때문이다.

3  입으로 분 풍선에는 공기보다 무거운 이산화 탄소가 많이 섞여 있기 때문이다.

### 🔍 해설

1  헬륨은 지구의 공기 중에는 많지는 않지만, 우주에서 수소 다음으로 많은 기체이다.

2  헬륨은 가볍고 폭발성이 없어 기구, 비행선, 풍선 등을 띄우는 기체로 쓰인다.

3  이산화 탄소는 공기보다 무거운 기체이다. 이산화 탄소는 공기 중에 아주 조금 있는데, 만약 공기 중에 이산화 탄소가 더 많이 포함되어 있다면 사람들은 숨을 쉴 수 없다.

# 생명 정답 및 해설

## 21 식물과 꽃

**1** ②

**2** 꽃가루받이

**3** 색깔이나 향기가 진할수록 곤충의 눈에 잘 띈다.

### 🔍 해설

1 꽃가루는 수술에서 만들어진다.
2 수술에서 만들어진 꽃가루가 암술머리에 옮겨 붙는 현상을 꽃가루받이라고 한다. 식물은 스스로 꽃가루받이를 할 수 없으므로 곤충, 새, 바람, 물 등의 도움을 받는다. 꽃가루받이를 통해 식물은 새로운 씨를 만든다.
3 장미꽃이나 호박꽃 등은 곤충에 의해 꽃가루가 옮겨지는데, 이러한 꽃을 충매화라고 한다.

## 22 점점 빨리 피는 벚꽃

**1** ③

**2** 2월과 3월에 높아진 기온 때문이다.

**3** 곤충에 의한 꽃가루받이를 못할 수 있어 벚꽃의 번식에 영향을 줄 수 있다.

### 🔍 해설

1 전국 곳곳에서 점점 벚꽃이 빨리 개화하고 있다.
2 꽃이 피는 현상은 단순히 기온에만 영향을 받는 것이 아니라 빛의 양이나 습도 등 다양한 환경 요인이 꽃의 개화 시기에 영향을 미친다.
3 식물이 꽃을 피우고, 다시 열매를 맺기 위해 곤충이 꽃가루를 옮겨줘야 한다. 그러나 벚꽃의 개화 시기가 빨라지면 곤충과 만나지 못하게 되어 벚꽃이 번식을 하지 못하게 될 수도 있다.

# 23 숨 쉬는 알

1  ④

2  • 크기가 모두 비슷하다.
   • 둥글게 여러 개가 모여 있다.
   • 햇빛에 비춰보면 조그마한 구멍이 보인다.

3  알이 잘 구르지 못하므로 둥지에서 떨어지지 않아 안전하게 보호할 수 있다.

## 해설

1  알에는 숨을 쉴 수 있는 구멍이 있다.
2  공룡 알 화석에서 발견되는 작은 구멍은 공기가 통하는 숨구멍이다. 대부분의 알은 숨구멍을 통해 산소를 빨아들이고 이산화 탄소를 내뿜으며 숨을 쉰다.
3  둥지를 짓고 알을 낳는 새의 경우, 공처럼 둥근 알은 잘 굴러가기 때문에 어미새가 둥지를 벗어나는 순간 절벽으로 굴러 떨어진다.
   그러나 타원형 알은 둥근 알에 비해 잘 굴러가지 않아 떨어지지 않는다. 타원형 알은 굴러가다가 원래 있던 자리로 돌아올 수도 있는 형태이다. 몸에 비해 날개가 큰 새일수록 알이 더 길쭉한 타원형이다.

# 24 연명의료 중단, 결정은?

정답

1  현대 의학으로 다시 살아날 가능성이 없는 환자를 죽지 않게 하기 위해서 하는 의료 행위

2
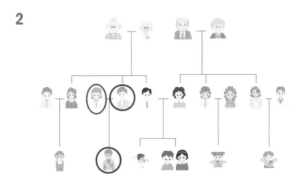

3  例 연명의료 중단을 찬성한다. 왜냐하면, 실제로 환자가 다시 움직이거나 생각할 수 없는 상태라면 환자 스스로는 아무것도 할 수 없는 상태라고 생각한다. 물론 사람의 생명도 소중한 것이다. 하지만 아무것도 하지 못한다면 환자 스스로가 더욱 힘들 것이기 때문에 연명의료 중단을 찬성한다.

## 해설

2  가계도란 가족 간의 관계를 빠르게 알아보고 필요한 정보를 손쉽게 얻기 위해 그린 그림이다. 연명의료를 결정할 수 있는 가족은 환자의 배우자와 부모, 자식이다.
3  연명의료 중단에 대해 찬성이나 반대 입장에서 타당한 이유를 들어 설명할 수 있어야 한다.

## 25 주사위 모양의 수박?

### 정답

**1** ②

**2** • 좋은 점: 상자에 넣기 쉽다, 운반하기 편하다.
  • 나쁜 점: 가격이 비싸다, 단맛이 거의 없다.

**3** • 수박이 많이 나는 계절의 계절 식품: 오이, 참외
  • 계절 식품의 좋은 점: 값이 싸다, 맛과 향이 좋고 영양이 풍부하다.

### 해설

**1** 수박은 여름철 대표 계절 식품이다.
**3** 계절 식품은 값이 싸고, 맛과 영양이 풍부하다. 각 계절별 대표 계절 식품은 다음과 같다.
  • 봄: 달래, 냉이, 쑥, 두릅, 씀바귀, 미나리, 도라지, 더덕, 조기, 굴비, 우럭, 꽁치 등
  • 여름: 수박, 참외, 토마토, 열무, 오이, 호박, 풋고추, 성게, 미꾸라지 등
  • 가을: 사과, 배, 감, 대추, 토란, 연근, 무, 고구마, 갈치, 고등어 등
  • 겨울: 당근, 시금치, 우엉, 양배추, 도미, 귤, 청어, 명태, 가자미 등

## 26 겨울철 빙판길 조심!

### 정답

**1** ①, ⑤

**2** • 주머니에 손을 넣고 걷지 않는다.
  • 움츠리지 않고 바른 자세로 걷는다.
  • 바닥이 미끄러운 신발을 신지 않는다.
  • 평소보다 한 걸음의 길이를 줄여 걷는다.

**3** 눈, 귤, 김장, 장갑, 설날, 스키, 패딩, 눈사람, 눈오리, 손난로, 털모자, 연날리기 등

### 해설

**1** ②의 물놀이 용품은 여름, ③의 허수아비는 가을, ④의 꽃과 나비는 봄과 관련 있다.
**2** 양손을 주머니에 넣고 몸을 움츠리면 몸이 앞으로 쏠려 넘어지기 쉽다. 또한, 바닥이 울퉁불퉁한 신발은 마찰력을 크게 해 미끄러지지 않는 데 도움을 준다.

## 27 동해에서 발견된 심해 해양생물

1  ①

2  해양생물의 다양성을 확인하고, 새로운 자원을 발견할 수 있다.

3  한 종류의 생물이 없어질 경우 그 생물과 연관된 먹고 먹히는 관계의 다른 생물에게 영향을 주어 결국 지구 전체 생태계가 위험해질 수 있기 때문이다.

### 해설

1  심해의 극한 환경 속에서 살아가는 생물이 있다.

2  심해는 조사·관찰하는 것이 어렵기 때문에 국제적으로 심해 생태계 관련 연구와 심해 자원 확보에 대한 경쟁이 심해지고 있다.

3  환경오염 등으로 인해 한두 종의 생물이 없어지면 자칫 전체 생태계에 영향을 주어 인류에게도 나쁜 영향을 끼칠 수 있다.

## 28 대왕오징어의 비밀

1  ④

2  무척추동물

3  예 ・거미(또는 지렁이): 등뼈가 없기 때문이다.
   ・고래(또는 상어): 물속에 살기 때문이다.

### 해설

1  연구를 통해 전 세계 곳곳에서 발견된 대왕오징어는 모두 같은 종이라는 결론을 얻었다.

2  척추란 등뼈를 말한다. 동물은 크게 척추동물과 무척추동물로 분류할 수 있다. 오징어와 같은 연체동물은 무척추동물에 속하고, 사람과 같이 뼈가 있는 동물은 척추동물에 속한다.

3  예시답안 이외에도 이유가 타당하면 정답이 될 수 있다. 이 문제는 정확한 정답보다 그렇게 생각한 이유가 타당한지 확인하는 문제이다.

## 29 반려견 비만 관리

**정답**

1 ④

2 10~15 %

3 • 물통을 자주 갈아 줄 것이다.
  • 먹이는 적당한 양만 줄 것이다.
  • 일주일에 2~3번 야외로 산책을 할 것이다.

**해설**

1 반려견의 건강을 관리하기 위해서는 전용 사료를 주는 게 좋다.

3 반려견의 적절한 운동과 산책은 반드시 필요하다. 이때는 목줄을 꼭 사용해야 하고 운동 시간은 하루에 약 20~60분으로 조절해야 한다. 또한, 비만은 비만을 잘 걸리는 유전자를 가지고 있거나 새끼를 낳을 수 있는 번식 기능을 없애는 수술 후에도 발생할 수 있다. 따라서 수의사와 상담을 통해 적절하게 체중을 조절해야 한다.

## 30 미생물의 두 얼굴

**정답**

1 ①

2 현미경으로 관찰한다.

3 • 술과 빵을 만드는 데 사용한다.
  • 우유를 요구르트로 만드는 데 사용한다.
  • 항생제와 같이 질병 치료제 개발에 사용된다.
  • 쓰레기를 분해하여 흙을 기름지게 만드는 데 사용한다.

**해설**

1 대장균은 대장에서 장내 미생물의 균형을 유지하고 몸에 좋은 물질을 만들며, 면역력을 키워 주는 역할을 한다.

2 현미경은 눈에 보이지 않는 작은 생물을 관찰하는 실험 도구이다.

3 미생물이라면 건강에 해로운 병원균만을 떠올리는 경우가 많아서 더럽고 위험하다고 생각한다. 그러나 우리가 먹는 발효 음식에 들어있는 효모나 유산균과 같이 우리 몸에 매우 이로운 미생물도 아주 많이 있다. 또, 미생물은 쓰레기를 분해하는 역할을 하기도 하며, 폐수 처리 등 환경이 오염되었을 때 원래대로 되돌리는 데 미생물이 이용되기도 한다.

# Ⅳ 지구 정답 및 해설

## 31 몹시 부는 바람, 태풍

### 정답

1  ③

2  온도

3  • 집안의 창문이나 출입문을 잠근다.
   • 산, 계곡, 하천과 같은 위험 지역에 가지 않는다.
   • 응급 약품, 손전등, 식수, 비상식량 등을 미리 준비한다.
   • 날아갈 위험이 있는 지붕이나 간판 등을 단단히 고정한다.
   • 집에서 나가지 않고 텔레비전이나 인터넷을 통해 태풍에 관한 상황을 확인한다.

### 해설

1  태풍은 바닷물의 온도가 27 ℃보다 높은 곳에서 주로 생기며, 지구 온난화의 영향으로 바닷물의 온도가 높아져 태풍의 세력도 점점 커지고 있다.

3  태풍은 강한 바람과 많은 비를 동반하기 때문에 물에 잠기거나 산사태가 일어날 위험이 있는 지역 주민들은 대피 장소로 이동해야 하며, 집 밖으로 나가지 않는 것이 좋다.

## 32 달 탐사의 역사

### 정답

1  ④

2  다누리

3  예 두꺼비

### 해설

1  1900년대 이후 달 탐사선과 달 착륙선 등이 발사되었다.

2  우리나라는 2022년에 달 궤도 탐사선인 다누리를 발사하여 달 궤도 진입에 성공하면서 세계 7번째 달 탐사국이 되었다.

3  달의 무늬를 보고 동양에서는 토끼를 떠올렸으며, 스페인에서는 당나귀를, 다른 유럽 지역에서는 꽃게가 집게발을 드는 모습을 떠올렸다. 영국의 극작가 윌리엄 셰익스피어는 희곡 '한여름 밤의 꿈'에서 달에 등불을 든 노인이 있다고 이야기했다.
   즉, 달의 무늬를 보고 떠올렸던 형상은 다양하다.

## 33 흔들리는 땅, 지진

### 정답

**1** ③, ⑤

**2** 규모

**3** • 화산이 폭발할 때
  • 큰 건물이 무너질 때
  • 판과 판이 충돌할 때
  • 지하 동굴이 무너질 때
  • 지하에서 무리한 공사를 할 때

### 해설

**1** 한반도는 판의 경계와 멀리 떨어져 있지만 과거 2000년 동안 일상생활에 큰 피해를 입히는 규모 5~10의 지진이 40회 정도 발생했다. 작거나 중간 규모의 지진이라도 피해가 발생할 수 있으므로 항상 주의해야 한다.

**3** 지구 내부의 힘에 의해 발생한 지진을 자연지진이라고 한다. 큰 건물이 무너지거나 지하에서 무리한 공사를 하는 등 인간의 활동에 의해 발생하는 지진을 인공지진이라고 한다.

## 34 겨울이 사라진다?

### 정답

**1** ①

**2** 지구 온난화

**3** • 공기 중의 이산화 탄소를 줄이는 기술을 개발한다.
  • 이산화 탄소가 발생하지 않는 청청 에너지를 사용한다.
  • 이산화 탄소가 발생하는 석탄이나 석유의 사용을 줄인다.
  • 이산화 탄소를 사용하여 산소를 만드는 식물을 많이 심는다.

### 해설

**1** 아열대 기후가 되면 지금보다 따뜻해져 찬 바람이 불고 눈이 오는 겨울이 없어질 것이다.

**2** 지구 온난화가 계속되면 자연재해에 의한 피해가 늘어나게 된다. 홍수뿐 아니라 산사태도 많아지고, 겨울과 봄에는 기온이 상승하여 비가 내리지 않아 가뭄이 자주 나타날 수 있다. 또, 바닷물의 온도가 상승해 빙하가 녹으면서 해수면이 높아질 것이다.

**3** 이산화 탄소의 양이 많아져서 지구 온난화가 나타나는 것이다. 따라서 이산화 탄소 배출량을 줄여야 하고, 이산화 탄소가 생기지 않는 에너지를 개발해야 한다.

## 35 석회동굴의 비밀

### 정답

**1** ②

**2** 이산화 탄소가 녹아 있는 물

**3** 예 • 플래시는 안 돼요.
   • 동굴을 아껴주세요.
   • 저를 만지는 건 싫어요.

### 해설

**1** 순수한 물만으로는 석회암을 녹일 수 없고, 이산화 탄소가 녹아 있는 물과 반응하면 녹아내린다.

**2** 이산화 탄소가 녹아 있는 물은 약한 산성을 띤다. 산성 물질이 석회암을 녹이기 때문에 석회동굴이 만들어진다.

**3** 석회동굴을 보호하지 않으면 먼 훗날 더는 석회동굴을 볼 수 없을 것이다. 예시답안 외에도 석회동굴을 아끼는 마음을 담아 팻말을 만들어 본다.

## 36 풍선으로 우주여행?

### 정답

**1** ②

**2** 성층권

**3** 예 • 이름: 우주정거장 체험하기
   • 프로그램: 지구에서 우주선을 타고 우주정거장에 도착하여 무중력 상태를 체험하는 프로그램이다.

### 해설

**1** 수소 연료를 안전하게 사용하게 되면 수소 풍선을 사용한 우주여행 상품이 개발될 것이다. 또한, 풍선 우주여행은 고도 10~50 km의 성층권까지만 올라간다. 성층권에서는 지구가 잡아당기는 인력이 적으므로 땅 위에서보다 중력이 작아져 약간의 무중력 상태를 경험할 수 있지만, 우주와 같은 강도는 아니다. 따라서 높은 강도의 우주비행사 훈련을 받지 않아도 된다.

**2** 성층권에는 수증기가 거의 없어 구름이 거의 나타나지 않는다. 따뜻한 공기가 위쪽에, 차가운 공기가 아래쪽에 있기 때문에 대기가 안정하여 비행기의 항로로 사용된다.

## 37 목성 로봇 탐사선, 주노

정답

**1** ⑤

**2** 수성, 금성, 지구, 화성, 목성, 토성, 천왕성, 해왕성

**3** 예 • 탐사하고 싶은 행성: 토성
　　• 인형의 이름: 대한이, 민국이
　　• 이름을 붙인 이유: 우리나라의 과학 기술력을 전 세계에 알리고 싶기 때문이다.

해설

**1** 목성 로봇 탐사선 주노는 목성의 궤도에 도착하여 목성 주위를 돌면서 관측하는 것이 임무이다.

**2** 태양의 영향이 미치는 공간과 그 공간에 있는 천체를 통틀어 이르는 것을 태양계라고 한다. 태양은 태양계에서 유일하게 스스로 빛을 내는 천체이며, 태양 주위를 도는 행성과 행성 주위를 도는 위성, 행성보다 작지만 위성보다 큰 소행성 등이 있다. 태양계의 행성은 수성, 금성, 지구, 화성, 목성, 토성, 천왕성, 해왕성 8개뿐이다.

**3** 예시답안 외에도 개인적으로 의미 있는 이름이나 우리나라, 지구, 우주에 관련된 다양한 의미를 넣어 이름을 붙이면 된다.

## 38 지구 자전 방향의 비밀

정답

**1** ③

**2** 자전

**3** • 사람이 걸어갈 때
　• 사과가 떨어질 때
　• 로켓이 위로 날아갈 때

해설

**1** 외핵은 액체 상태로 추측한다. 지구의 자전으로 낮과 밤이 생기며, 태양이 동쪽에서 떠서 서쪽으로 진다. 지구의 자전 방향은 서쪽에서 동쪽이고, 내핵의 자전 방향은 동쪽에서 서쪽이다. 지구 자전과 관련 있는 부분은 내핵과 외핵이다.

**3** • 노를 저을 때: 배를 앞으로 나아가게 하기 위해 물을 뒤로 민다.
　• 사람이 걸어갈 때: 앞으로 걸어가기 위해 발이 땅을 뒤로 민다.
　• 사과가 떨어질 때: 지구가 사과를 잡아 당기는 만큼 사과도 지구를 잡아 당긴다. 하지만 지구는 너무 크기 때문에 움직임이 없다.
　• 로켓이 위로 날아갈 때: 로켓에서 가스를 아래로 밀어낸 만큼 가스도 로켓을 위로 밀어낸다.

## 39 지구와 비슷한 행성, 슈퍼지구

### 정답

1 ②

2 슈퍼지구

3 생물이 살기 어려울 것 같은 곳의 환경은 외계 행성과 조건이 비슷하기 때문이다.

### 해설

1 미국 항공우주국은 '케플러-186f' 행성에 식물 생명체가 살고 있다면 지구에서 자라는 식물이 녹색인 것과는 다르게 행성의 붉은색 파장의 영향을 받아 붉은색을 띨 수 있다고 설명했다.

3 과학자들은 아주 높은 온도, 아주 낮은 온도, 소금 성분이 많은 곳, 강한 산성과 방사능에 노출된 곳에서도 서식하는 미생물을 발견하고 있다. 이런 생물을 극한미생물이라고 하는데, 이들은 뜨거운 사막과 땅 밑 깊은 곳, 빛이 전혀 들어오지 않는 환경에서도 살아남는 것으로 알려졌다. 이런 극한 환경은 지구 밖 우주의 다른 외계행성에서는 일반적인 환경일 것이라고 추측한다. 따라서 극한 환경에서 사는 생물을 발견하는 것은 외계행성에서도 생명체를 발견할 수 있는 가능성을 높이는 것이다.

## 40 인공위성과 우주 쓰레기

### 정답

1 ⑤

2 • 인공위성이 부서진다.
  • 인공위성이 부서진 조각이 우주 쓰레기가 되어 다른 위성을 망가뜨릴 수 있다.

3 예 • 레이저로 우주 쓰레기를 파괴한다.
  • 인공위성 2대에 큰 그물을 달아 움직이면서 우주 쓰레기를 수거한다.

### 해설

1 지구에서 인공위성과 수신하기 위해 쏘아 올린 전파는 전자기파이므로 우주 쓰레기가 생기는 원인이 아니다.

2 사람이 만든 우주 쓰레기는 지구 주변을 매우 빠른 속도로 떠다니므로 위험하다. 이렇게 빠른 속도로 떠다니면 작은 부품 하나도 큰 폭발을 일으킬 수 있다.

3 지구의 대기권은 운석, 우주 쓰레기와 같은 물체를 막아서 지구 표면에 충돌하는 것을 방지한다. 대기권에 진입한 우주 쓰레기는 불타거나 폭발하고, 처음보다 작아진 쓰레기가 되어서 지구에 도달하게 된다.

# 융합 정답 및 해설

## 41 황사의 두 얼굴

### 정답

**1** ②

**2** • 산성비를 중화시켜 준다.
 • 흙이 산성화되는 것을 막는다.
 • 바다에 사는 플랑크톤에 영양을 공급한다.

**3** • 손과 발을 깨끗이 씻는다.
 • 외출할 때 마스크 등을 착용한다.
 • 황사가 심한 날은 외출을 하지 않는다.
 • 실내에 황사가 들어오지 않도록 창문을 잘 닫는다.
 • 외출 후 집에 들어오기 전에 몸에 묻은 먼지를 털어준다.

### 해설

**1** 황사는 석회나 마그네슘, 칼륨과 같은 알칼리성 물질이 많이 포함되어 있다.

**3** 황사는 사람들의 호흡기나 눈 질환에 직접적인 피해를 준다. 황사가 심할 때는 물을 많이 마시고 밖에 나갈 때 마스크를 쓰며, 외출 후에는 손발을 깨끗하게 씻어야 한다.

## 42 피부를 보호하는 자외선 차단제

### 정답

**1** ①

**2** 피부가 얼룩덜룩해지는 것과 피부 노화, 피부암 등을 예방할 수 있다.

**3** • 야외 활동 시 햇빛 가리개 등을 사용한다.
 • 외출하기 전 자외선 차단제를 꼼꼼히 바른다.

### 해설

**1** 자외선 차단제는 외출하기 15분 전에 바르는 것이 좋으며, 얼굴과 목, 팔, 다리 이외의 부위에도 꼼꼼히 발라야 한다.

**3** 자외선은 피부를 손상시키고 노화의 원인이 된다. 따라서 날씨 예보에서 자외선 지수가 높으면 되도록 외출을 하지 않는다.

## 43 도토리, 줍지 말고 양보하자!

### 정답

1 ③

2 생태계

3 · 다람쥐의 수가 줄어들면 다람쥐를 먹이로 하는 매 또는 뱀의 수가 줄어든다.
· 다람쥐의 수가 줄어들면 다람쥐의 먹이인 잣, 밤, 도토리 등의 수가 늘어난다.

### 해설

1 산에서 떨어진 도토리를 주워 가면 겨울철 야생동물의 먹이가 부족해진다.

2 생태계란 생물이 살아가는 세계로, 생태계 안에서 생물들은 서로 영향을 주고 받으며 살아갈 뿐만 아니라 주위 환경과도 영향을 주고 받으며 살아간다.

3 생태계에서는 동물과 식물 등 여러 생물이 서로 영향을 주고받으며 살아가고 있는데, 평형이 깨지면 전체 생태계가 파괴될 수 있다. 또한, 한 번 파괴된 생태계는 다시 회복되는 데 오랜 시간이 걸린다.

## 44 울퉁불퉁한 달의 얼굴

### 정답

1 ④

2 공기

3 · 공통점
  – 태양계 안에 있다.
  – 실제 모양이 둥글다.
  – 스스로 한 바퀴씩 돈다.
· 차이점
  – 달에는 물과 공기가 없다.
  – 달에는 운석 구덩이가 많다.
  – 달에는 바람이 불지 않는다.
  – 달에는 생물이 살지 않는다.
  – 달에서는 소리가 들리지 않는다.

### 해설

1 달은 둥근 모양이지만 지구에서 보는 달의 모양은 태양 빛이 반사되는 달의 부분만 보이므로 약 한 달을 주기로 매일 조금씩 바뀐다. 달은 지구를 중심으로 약 한 달에 한 번 공전하면서 태양 빛을 반사하는 부분이 매일 달라지기 때문이다.

2 지구 주위를 둘러싸고 있는 공기층을 대기권이라고 한다.

## 45 계속 감소하는 쌀 소비량

### 정답

**1** ③

**2** • 쌀을 대신할 가공식품이 다양해졌기 때문이다.
• 쌀을 많이 먹으면 살이 찐다고 생각하기 때문이다.
• 집에서 밥을 직접 해서 먹는 인구가 줄어들었기 때문이다.

**3** 예

| 날짜 | 2월 3일 | 2월 4일 | 2월 5일 | 전체 |
|---|---|---|---|---|
| 하루 동안 먹은 밥의 양(공기) | 3 | 3 | 4 | 10 |
| 하루 동안 먹은 쌀의 양(g) | 360 | 360 | 480 | 1200 |

### 해설

**1** 쌀은 탄수화물뿐만 아니라 식이섬유소, 비타민 B군, 미네랄, 필수아미노산 등 다양한 영양소를 함유하고 있어 우리 몸에 이롭다.

**3** 지난 3일간 날짜를 기록하고 먹은 밥 공기 수를 먼저 센다. 밥 한 공기에 120 g의 쌀이 들어간다고 했으므로 3일 동안 먹은 밥 공기 수만큼 120을 더하며 먹은 쌀의 양을 구할 수 있다.
예 2월 3일 하루 동안 먹은 밥의 양은 3공기이므로 120+120+120=360 (g)이다.

## 46 겨울철 건강 관리

### 정답

**1** ④

**2** 18~20 ℃

**3** • 손난로나 핫팩 등을 사용한다.
• 얇은 옷을 여러 벌 겹쳐 입는다.
• 장갑, 마스크, 목도리, 털모자 등을 한다.

### 해설

**1** 겨울철에는 하루에 2~3시간 간격으로 3번, 최소 10분에서 최대 30분가량 창문을 열어 환기하는 것이 좋다.

**3** 겨울에는 실내외 온도 차이가 크기 때문에 따뜻한 실내에서 갑자기 추운 실외로 나가면 혈관이 오그라들고 근육이 굳어서 쉽게 부상을 입을 수 있다. 야외 활동 전에는 충분한 준비 운동을 통하여 몸의 긴장을 풀고, 장갑, 마스크, 목도리, 털모자 등의 추위를 막아주는 용품을 착용하여 체온을 유지하도록 한다.

## 47 공포의 블랙아웃

### 정답

1 ②

2 전기를 이용한 난방 기구를 많이 사용하기 때문이다.

3 • 사용하지 않는 형광등의 불을 끈다.
  • 겨울철 실내 온도를 18~20 ℃로 유지한다.
  • 사용하지 않는 가전제품의 플러그는 뽑는다.
  • 전기장판이나 전기 히터 등 난방 기구의 사용을 자제한다.

### 해설

1 가스레인지는 전기가 아닌 가스를 연료로 사용한다.

2 겨울철에는 난방으로 인해 전기를 많이 사용한다.

3 전력 수급의 위기 상황을 알리기 위해 발령하는 경보를 '전력 수급 경보'라고 한다. 우리나라는 안정적인 전기 수급을 위해서 약 550 kW의 예비 전력이 필요하다고 한다. 예비 전력이란 필요한 곳에 공급하고 남은 전력의 여유분을 말한다. 우리나라에서는 만약 예비 전력이 550 kW 이하가 될 경우 전력 수급의 위기 상황을 알리기 위해 경보를 발령한다. 전력 수급 경보는 '준비-관심-주의-경계-심각' 등 다섯 단계로 구분하며, 경보가 발령되면 전기기기의 사용을 멈추고, 신속하게 재난 상황을 파악해야 한다.

## 48 겨울철 캠핑, 안전하게!

### 정답

1 ⑤

2 텐트 안에서 난로 등의 난방기구를 잘못 사용하면 일산화 탄소가 발생하여 두통이나 호흡 곤란이 올 수 있다.

3 예 • 음식: 에너지원으로 사용되기 때문이다.
  • 겨울용 텐트: 추위와 바람을 피할 수 있다.
  • 담요와 침낭: 체온이 떨어지지 않게 보온을 유지하는 데 필요하다.
  • 점화기: 불을 피워 온도를 유지하고, 음식을 조리하는 데 필요하다.
  • 물: 생명을 유지하고, 음식을 만들 때 필요하다. 또, 불이 났을 때 불을 끌 수 있다.

### 해설

1 텐트 안의 환기를 잘 하는 것이 좋다.

2 일산화 탄소는 산소가 부족한 상태에서 석탄이나 석유와 같은 연료가 탈 때 발생한다. 눈에 보이지 않고 냄새가 없어 알아차리기 어렵다. 일산화 탄소가 많이 발생해 우리 몸에 중독되면 두통, 메스꺼움, 구토, 호흡곤란, 맥박 증가 등의 증상이 나타나며 사망 사고까지 발생하기도 한다. 겨울철 캠핑 시 난방을 할 때에는 일산화 탄소 경보기를 텐트 안에 반드시 설치해 두고, 주기적으로 환기를 시켜주어야 한다.

3 예시답안 이외에도 이유가 타당하면 정답이 될 수 있다. 이 문제는 그렇게 생각한 이유가 타당한지 확인하는 문제이다.

## 49 겨울철 과일의 제왕이 된 딸기

**정답**

1

2 추운 날씨 때문에 천천히 익어 영양분이 많이 저장되기 때문이다.

3 추운 겨울에도 식물이 잘 자랄 수 있도록 따뜻한 온도를 유지해 준다.

**해설**

2 딸기는 꽃이 핀 후에 수확되기까지 겨울철에는 60~70일, 봄철에는 30~45일이 걸린다. 딸기가 천천히 익을수록 당을 축적할 수 있는 시간이 많아지고, 느리게 자라면 저장되는 영양분도 많아지기 때문에 겨울철 딸기는 크기가 크고 달콤하다. 반면에 기온이 서서히 오르기 시작하는 3월부터는 딸기의 신맛이 강해진다.

3 비닐하우스는 겨울에도 식물이 잘 자랄 수 있도록 따뜻하게 해 주는 시설로, 최근에는 계절에 상관없이 비닐하우스에서 과일과 채소를 재배한다.

## 50 새로운 국가가 된 쓰레기 섬

**정답**

1 ④

2 바닷물 위에 떠 있는 쓰레기가 해류를 따라 이동하다가 바람이 잘 불지 않는 지역에 모여 쓰레기 섬을 이루었다.

3 플라스틱은 잘 썩지 않으므로 점점 플라스틱 쓰레기의 양이 많아져 환경오염을 일으킬 것이다.

**해설**

1 쓰레기 섬이 발견된 곳은 바람이 잘 불지 않는 무풍 지대이다. 1997년 북태평양을 항해하던 중 무풍 지대에서 벗어나려던 찰스 무어 선장이 쓰레기 섬을 최초로 발견했다.

3 플라스틱은 미생물에 의해 분해되지 않고, 공기 속 또는 물에서도 잘 썩지 않는다. 또, 태우면 유해 가스나 검은 연기를 내는 등 쓰레기 처리가 어렵다는 문제점이 있다.

# 기출예상문제 정답 및 해설

## 1

모범답안

## 2

모범답안

35살 차이

🔍 **해설**

2020−1985=35이므로 35살 차이가 난다.

## 3

모범답안

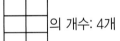 의 개수: 12개

의 개수: 8개

의 개수: 4개

의 개수: 9개

의 개수: 6개

의 개수: 3개

 의 개수: 6개

의 개수: 3개

의 개수: 4개

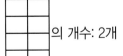 의 개수: 2개

의 개수: 2개

 의 개수: 1개

# 4

예시답안

① 1 - 2 - 4 - 8 - 16 - 32 - …

→ 앞의 수에 2를 곱하는 규칙

② 1 - 2 - 4 - 7 - 11 - 16 - …

→ 더하는 수가 1씩 커지는 규칙

③ 1 - 2 - 4 - 2 - 9 - 2 - …

→ 홀수 번째 수는 1×1, 2×2, 3×3, … 순서로 커지고, 짝수 번째 수는 2가 연속해서 나오는 규칙

# 5

모범답안

12분

🔍 해설

10칸을 이동하고, 빨간 점이 있는 곳을 2곳 지났으므로 걸리는 시간은 10+2=12 (분)이다.

# 6

예시답안

• 다른 모양보다 튼튼하다.

• 더 많은 양의 꿀을 저장할 수 있다.

• 넓이에 비해 둘레의 길이가 짧아 집을 짓는 재료를 아낄 수 있다.

# 7

모범답안

7번

🔍 해설

기둥 A의 노란 구슬 2개를 하나씩 기둥 C로 옮긴다.

→ 2번

기둥 B의 파란 구슬 1개를 기둥 A로 옮긴다.

→ 1번

기둥 C의 노란 구슬 2개를 하나씩 기둥 A로 옮긴다.

→ 2번

기둥 B의 파란 구슬 1개를 기둥 A로 옮긴다.

→ 1번

기둥 C의 빨간 구슬 1개를 기둥 A로 옮긴다.

→ 1번

따라서 최소 7번 옮겨야 한다.

# 8

자석에서 힘이 가장 강한 곳을 극이라 한다. 말굽자석은 끝부분이 극이므로 끝부분에 클립이 가장 많이 붙는다.

## 해설

자석에서 가장 힘이 센 곳을 자석의 극이라 하고, 자석의 극은 2개이다. 막대자석은 양 끝이 극이고, 고리자석과 원형자석은 윗면과 아랫면이 극이다.

〈막대자석의 극〉

〈고리자석의 극〉

# 9

• 척추가 있는 동물과 없는 동물
• 체온이 변하는 동물과 일정한 동물
• 날개가 있는 동물과 그렇지 않은 동물
• 한 해만 사는 동물과 그렇지 않은 동물
• 폐호흡을 하는 동물과 그렇지 않은 동물
• 물속에서 사는 동물과 그렇지 않은 동물
• 몸이 털로 싸여 있는 동물과 그렇지 않은 동물
• 몸이 딱딱한 껍질로 덮여 있는 동물과 그렇지 않은 동물
• 어렸을 때 모습과 다 자랐을 때의 모습이 비슷한 동물과 그렇지 않은 동물

# 10

| 구분 | 화강암 | 각설탕 |
|---|---|---|
| 시각 | • 여러 가지 물질로 이루어져 있다.<br>• 여러 가지 색으로 이루어져 있다. | • 알갱이가 보인다.<br>• 직육면체 모양이다. |
| 미각 | 맛이 없다. | 달다. |
| 촉감 | • 거칠거칠하다.<br>• 단단하다. | • 거칠거칠하다.<br>• 잘 부스러진다. |
| 공통점 | • 고체이다.<br>• 알갱이가 보인다.<br>• 표면이 거칠거칠하다. | |
| 차이점 | • 단단하다.<br>• 먹을 수 없다.<br>• 알갱이의 크기가 다양하다.<br>• 여러 가지 물질로 이루어져 있다.<br>• 여러 가지 색으로 이루어져 있다. | • 쉽게 부스러진다.<br>• 먹을 수 있다.<br>• 알갱이의 크기가 거의 같다.<br>• 한 가지 물질로 이루어져 있다.<br>• 한 가지 색으로 이루어져 있다. |

# 11

**예시답안**

- 비둘기나 매를 훈련시켜 신호를 전달한다.
- 파발처럼 사람이 직접 이동하여 신호를 전달한다.
- 볼 수 있는 가까운 거리는 깃발이나 손으로 신호를 보낸다.
- 가까운 거리는 북처럼 소리나는 악기나 소리나는 화살 등을 이용해 신호를 전달한다.
- 빛이나 연기를 이용한 봉수처럼 멀리까지 곧게 나아갈 수 있는 레이저 빛을 이용해 신호를 전달한다.

**해설**

통신의 역사는 정보를 전달하는 수단이나 방법에 따라 크게 사람에 의한 통신, 봉화와 같이 눈으로 볼 수 있는 신호에 의한 통신, 우편에 의한 통신, 전기 또는 전자기적 신호에 의한 전기 통신으로 분류할 수 있다. 13세기 대제국을 건설한 몽골군은 빠른 통신수단으로 송골매를 활용했고, 제2차 세계대전 당시 독일군은 수백 마리의 비둘기에게 특수 훈련을 시켜 영국에 있는 스파이들에게 비밀 문서를 전달했다.

# 12

**예시답안**

튜브, 저울, 벨트, 호스, 수술용 장갑, 침대 매트리스, 베개, 고무 풍선, 공, 젓병 꼭지, 트램펄린 등

**해설**

탄성은 외부의 힘에 의해 변형된 물체가 이 힘이 제거되었을 때 원래의 상태로 되돌아가려고 하는 성질로, 탄성이 있는 물질은 모양을 변화시키거나 충격을 흡수하는 용도로 사용된다.

# 13

**예시답안**

- 물을 빨리 떨어뜨린다.
- 많은 양의 물을 떨어뜨린다.
- 물을 높은 곳에서 떨어뜨린다.

**해설**

떨어뜨리는 물의 양이 많을수록, 물을 빨리 떨어뜨릴수록, 떨어뜨리는 물의 높이가 높을수록 물의 힘이 크므로 물레방아의 물레바퀴가 빨리 돌아간다.

# 14

**모범답안**

• 가장 튼튼한 기둥: 둥근기둥
• 이유: 무너질 때까지 올린 책의 수가 많을수록 튼튼한 기둥이다.

## 🔍 해설

같은 종이로 기둥을 만들었을 때 둥근기둥은 단면적이 가장 크고 모서리가 없어 위에서 누르는 힘이 넓은 면적에 골고루 나누어지므로 가장 튼튼하다. 꼭짓점이 있는 세모기둥과 네모기둥은 꼭짓점에 힘이 모이므로 쉽게 무너진다.

# 시대에듀와 함께 꿈을 키워요!

www.**sdedu**.co.kr

## 안쌤의 STEAM + 창의사고력 과학 100제 초등 1학년

| | |
|---|---|
| 초판2쇄 발행 | 2025년 01월 10일 (인쇄 2024년 10월 17일) |
| 초 판 발 행 | 2024년 03월 05일 (인쇄 2023년 12월 08일) |
| 발 행 인 | 박영일 |
| 책 임 편 집 | 이해욱 |
| 편 저 | 안쌤 영재교육연구소 |
| 편 집 진 행 | 이미림 |
| 표 지 디 자 인 | 박수영 |
| 편 집 디 자 인 | 채현주 · 윤아영 |
| 발 행 처 | (주)시대에듀 |
| 출 판 등 록 | 제 10-1521호 |
| 주 소 | 서울시 마포구 큰우물로 75 [도화동 538 성지 B/D] 9F |
| 전 화 | 1600-3600 |
| 팩 스 | 02-701-8823 |
| 홈 페 이 지 | www.sdedu.co.kr |
| I S B N | 979-11-383-5461-5 (64400) |
| | 979-11-383-5459-2 (64400) (세트) |
| 정 가 | 17,000원 |

**영재교육원 영재성검사, 창의적 문제해결력 평가 완벽 대비**

# 안쌤의
# STEAM + 창의사고력
# 과학 100제 시리즈

## 과학사고력, 창의사고력, 융합사고력 향상
## 영재성검사 창의적 문제해결력 평가 기출예상문제 및 풀이 수록

# 안쌤의
# STEAM
# + 창의사고력
# 과학 100제

## 초등 1학년

## 시대에듀

**발행일** 2025년 1월 10일 | **발행인** 박영일 | **책임편집** 이해욱 | **편저** 안쌤 영재교육연구소

**발행처** (주)시대에듀 | **등록번호** 제10-1521호 | **대표전화** 1600-3600 | **팩스** (02)701-8823

**주소** 서울시 마포구 큰우물로 75 [도화동 538 성지B/D] 9F | **학습문의** www.sdedu.co.kr

## 코딩·SW·AI 이해에 꼭 필요한
### 초등 코딩 사고력 수학 시리즈

- 초등 SW 교육과정 완벽 반영
- 수학을 기반으로 한 SW 융합 학습서
- 초등 컴퓨팅 사고력 + 수학 사고력 동시 향상
- 초등 1~6학년, SW영재교육원 대비

**③**

**④**

## 안쌤의 수·과학 융합 특강

- 초등 교과와 연계된 24가지 주제 수록
- 수학 사고력 + 과학 탐구력 + 융합 사고력 동시 향상

※도서의 이미지와 구성은 변경될 수 있습니다.

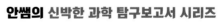

## 안쌤의 신박한 과학 탐구보고서 시리즈

**⑤**

- 모든 실험 영상 QR 수록
- 한 가지 주제에 대한 다양한 탐구보고서

## 영재성검사 창의적 문제해결력
### 모의고사 시리즈

**⑥**

- 영재교육원 기출문제
- 영재성검사 모의고사 4회분
- 초등 3~6학년, 중등

# 시대에듀와 함께해요!

# 초등 한국사 완성 시리즈

## STEP 1 한국사 개념 다지기

### 왕으로 읽는 초등 한국사

▶ 왕 중심으로 시대별 흐름 파악
▶ 스토리텔링으로 문해력 훈련
▶ 확인 문제로 개념 완성

### 연표로 잇는 초등 한국사

▶ 스스로 만드는 연표
▶ 오리고 붙이는 활동을 통해 집중력 향상
▶ 저자 직강 유튜브 무료 동영상 제공

## STEP 2 한국사능력검정시험 도전하기

### 매일 쏙 읽고 쏙 뽑아 싹 푸는 초등 한국사

▶ 초등 전학년 한국사능력검정시험 대비 가능
▶ 스토리북으로 읽고 워크북으로 개념 복습
▶ 하루 2주제씩 한국사 개념 한 달 완성

### PASSCODE 한국사능력검정시험
기출문제집 800제 16회분 기본(4·5·6급)

▶ 기출문제 최다 수록
▶ 상세한 해설로 개념까지 학습 가능
▶ 회차별 모바일 OMR 자동채점 서비스 제공

※ 도서의 구성과 이미지는 변경될 수 있습니다.